排放权有偿使用定价：方法与效应

Pricing Initial Emission Allowance

郭　默　王金南　毕　军　著

中国环境出版集团·北京

图书在版编目（CIP）数据

排放权有偿使用定价：方法与效应/郭默，王金南，
毕军著. —北京：中国环境出版集团，2019.10
ISBN 978-7-5111-4138-5

Ⅰ．①排… Ⅱ．①郭…②王…③毕… Ⅲ．①二氧
化碳—排污交易—定价—研究—中国 Ⅳ．①X511

中国版本图书馆 CIP 数据核字（2019）第 238438 号

出 版 人 武德凯
责任编辑 葛 莉
责任校对 任 丽
封面设计 彭 杉

出版发行 中国环境出版集团
　　　　　（100062 北京市东城区广渠门内大街 16 号）
　　　　　网　　　址：http://www.cesp.com.cn
　　　　　电子邮箱：bjgl@cesp.com.cn
　　　　　联系电话：010-67112765（编辑管理部）
　　　　　　　　　　010-67113412（第二分社）
　　　　　发行热线：010-67125803，010-67113405（传真）
印　　刷 北京中科印刷有限公司
经　　销 各地新华书店
版　　次 2019 年 10 月第 1 版
印　　次 2019 年 10 月第 1 次印刷
开　　本 787×960　1/16
印　　张 15
字　　数 227 千字
定　　价 60.00 元

前　言

　　环境容量资源有价是现代社会的共识,也是生态文明价值理论的基础。中国于 2007 年开始正式推行排放权有偿使用政策,以期有效反映环境容量资源稀缺程度,实现初始配额的公平分配。本书以水污染物化学需氧量(COD)、氨氮(NH$_3$-N)为研究对象,基于优化控制理论构建模拟包含管理者和企业参与博弈的排放权配额价格模型,刻画企业在该项政策下的动态反馈机制,以确定全国尺度下省级层面的最优污染控制水平和对应的排放权配额有偿使用价格,并分析该价格下可能产生的社会、经济和环境影响。在此基础上,考虑实施的排污收费政策(2019 年开始转换成环境保护税)和污染物排放总量控制政策,设计不同的政策组合情景并将其内化入构建的动态博弈模型,以进一步评估该两项政策对排放权有偿使用政策效果可能产生的影响,为我国污染物排放有偿使用政策设计提供理论支撑和科学依据。

　　本书是在科学技术部水体污染控制与治理重大科技专项项目——"水污染物排污权有偿使用关键技术与示范研究课题"(2013ZX07603004)的相关研究成果上形成的,主体部分是郭默博士学位论文《基于最优控制的中国排污权有偿使用定价及政策效应研究》的成果。该研究具有科学研究和实践的双重价值：在科研方面从衡量收益的角度出发，提出了一种基于最佳排污量来计算排放权初始配额价格的方法。在实证应用方面，该优化过程中同时考虑了 COD 和 $NH_3\text{-}N$ 两种水污染物初始配额价格，并且预测了以该价格执行了有偿使用政策后对企业的影响，为我国的水污染物控制精细化和价值化管理提供了解决方法和决策依据。

感谢国家水体污染控制与治理重大科技专项对本研究的支持。感谢生态环境部环境规划院王东研究员和叶维丽副研究员、南京大学张炳教授和刘蓓蓓副教授、江苏科技大学张永炜博士、湖南省环境科学研究院石广明博士、南京审计大学郭焕修博士对本书成稿过程中的指导和帮助。感谢所有在课题实施过程中提出宝贵意见的专家。本书难免有各种错误或不当之处，请各位读者提出批评、给予指正。

作　者

2019 年 1 月 26 日

目　录

Contents

第1章

概　论

排放权有偿使用是环境容量资源日益稀缺的价值表现,是运用市场机制优化配置环境容量资源的一种制度创新。本章主要介绍研究背景、研究内容、研究技术路线以及研究基础和条件。

1.1　研究背景

改革开放以来,我国经济高速发展的同时带来了巨大的环境代价。尤其是近20年,我国国内生产总值的年均增速达 9.3%(2001—2017)[1];与此同时,主要水污染物 COD 和 NH_3-N 分别增长 58.3% 和 83.6%(2001—2015)[2]。截至 2012年,我国的主要污染物排放量均达到全球第一[3]。为应对日益严重的环境问题,我国政府陆续实施了一系列的措施,这些措施包括命令控制手段、经济激励和非监管方式等。

我国从 2001 年起逐步推行排污权有偿使用(Payment for initial emission allowance)政策并展开试点,希望通过该政策分配初始配额,建立政府主导的一级市场。排污权初始配额的价格是有偿使用政策的核心部分,关于如何定价,学界研究和试点实践各有千秋。学界认为初始配额价格的制订应包含环境资源的稀缺程度、总量控制目标、削减目标完成情况、地区经济发展水平等以及大部分企业经济承受能力等因素,但在试点实践中,大多还是以污染物治理的平均成本为主要考虑因素[4]。

这些方法出发点和角度各不相同，本身并无问题；但排污权有偿使用政策却不是出现在一个真空的政策环境中。在排污权有偿使用政策出现之前，我国已有自 1979 年起试行、2003 年起全国全面实施的排污收费政策[5, 6] 和 2019 年全国实施的环境保护税，该政策已经成为中国环境管理制度中一项重要的经济政策。理论上，排污收费是企业对其污染物排放造成的环境损害而支付的补偿。在实际中，因为计算污染物排放对环境造成的损害多有不便，所以以去除这些排放到环境中的污染物所需支付的成本为计费依据[7]。在实践中，部分试点地区以污染物平均处理成本作为排污权初始配额的价格，与排污收费政策中计算排污收费价格的方法相同。相同的计算依据使得排污权有偿使用政策受到了是否是排污收费政策"重复"的质疑。因此，有必要厘清排污权有偿使用政策的理论基础以及该政策与排污收费政策的区别，提出排污权有偿使用理论基础相适应的初始配额价格制定方法。

在我国环境管理制度中，除了排污收费这种经济型政策，还有属于命令型的污染物排放总量控制政策。总量控制是对一定区域允许排放污染物量的规定；有偿使用排污权初始配额的价格与配额的总量有关，而一个地区的配额总量又与该地区的总量控制政策下被分配的配额有关，那么，初始配额价格和排污权有偿使用政策执行后的效果是否会受总量控制政策的影响？

从理论研究的角度，亟待分析说明收取初始配额费用的理论依据，厘清有偿使用和排污收费之间的关系。从政策执行的实际需求来看，在相应的理论基础之上，如何选择合理的价格制定方法来计算初始配额价格。除此之外，有偿使用政策执行后，会给企业、行业带来何种影响？现有相关环境政策对有偿使用政策等执行效果是否会有影响？这些问题都是政策制定者们所关注的。

结合前面提出的研究背景，本书要解决的问题如下：①排污权有偿使用初始配额的价格如何确定？②排污权有偿使用政策以某价格执行后可能带来什么样的影响？包括对污染物排放量及社会收益的影响，对企业的生产和污染减排投资决策造成怎样的影响？③现有相关环境政策对排污权有偿使用政策效果会有怎样的影响？

基于以上研究背景和科学问题的阐述，本书主要研究目的是在最优化控制理论基础上建立了排污权初始配额价格模型，并使用全国环境统计数据库 2013 年的环境数据，计算在实现社会总收益最优情况下的排污权初始配额价格，进而分析了实行有偿使用政策后可能对企业、行业造成的影响。

本书在科研方面，从衡量收益的角度出发，提出了一种基于最佳排污量来计算初始配额价格的方法。在实证应用方面，提出的优化过程和方法同时考虑了 COD 和 $NH_3\text{-}N$ 两种水污染物初始配额价格，并且预测了以该价格执行有偿使用政策后对企业的影响，为我国的水污染物控制精细化管理提供了解决方法和决策依据。

1.2　研究内容

依据上面提出的科学问题和管理需求，本书内容包括以下四个方面：

研究内容一：刻画有管理者和企业双方参与博弈的定价过程，建立企业和社会各自的收益函数，根据最优化控制原理，建立初始配额价格模型。为了保证政策在执行一定时期后其最初设计的最优目标仍然保持最优，讨论了执行不同费用缴纳方式设计的有偿使用政策是否具有时间一致性。排污权有偿使用政策是对 COD 和 $NH_3\text{-}N$ 两种水污染物的初始配额收取有偿使用费，将 COD 和 $NH_3\text{-}N$ 的初始配额价格设置为两个独立变量，并将初始配额价格模型扩展至适用于多种污染物的配额价格模型。

研究内容二：在理论模型中，可以根据最大值原理得到模型的解析解；但在实际应用中，关键变量的表达式是非线性的，这就意味着无法像理论模型一样得到解析解，此时就需要借助一定的算法来求得其数值解。该部分内容设计了 BFGS-PSO 两层嵌套优化算法，以求得最优解。

研究内容三：选取包含 30 865 个样本企业 2013 年的生产排放相关数据，将其代入模型中求解其对应的初始配额价格。模型中涉及了多个变量和参数，而这些变量和参数的数值不能直接获得，为了获取这些数据，开展了如下工作：估算企业的生产成本；计算每种污染物需要的处理费用；计算各地区污染物排放造成的边际损害；建立污染物排放量、产品产量和污染处理费用三者之间关系的函数；建立污染物减排量与投资之间关系的函数；建立污染物处理费用函数；利用 Matlab 仿真模拟实现模型求数值解。

研究内容四：为讨论排污收费政策和总量控制政策对有偿使用政策实行后效果的影响，设置了包含多种政策组合的情景，从社会总收益、污染物排放量、企业追加投资或选择停产的行为反馈等方面进行讨论。

根据研究内容，本书分为 7 章，各章简要介绍如下。

第 1 章 概论。对研究背景及我国的环境管理需求进行了阐述，在此基础之上分析和归纳了本研究的科学问题，并提出其研究目的和研究意义。此外，还概括了本研究的内容，拟定了研究思路和技术路线，展示了研究框架。

第 2 章 排放权有偿使用政策。本章主要介绍了排放权有偿使用政策的概念、发展历程、各试点地区出台的相关管理方案和实施细则等，以及相关环境政策背景。

第 3 章 排放权初始配额定价研究进展。本章内容主要是在排污权初始配额定价的国内外研究进展进行详细文献综述的基础上，提出本研究的科学意义。首先对排污权有偿使用的概念进行详细的阐述；其次介绍了有偿使用政策的起源；接着介绍了排污权有偿使用政策的理论基础；然后回顾了已有研究中初始配额的定价方法、排污收费政策的定价方法，并对这两种政策进行比较；最后对研究现状及政策实践现状进行总结并提出本研究所要回答的科学问题。

第 4 章 排放权初始配额价格模型构建。针对研究内容一，介绍了初始配额价格模型建立的基本假设、概化后的价格决策过程以及作为建模基础的最优控制理论；描述了模型构建的过程，包括企业和社会各自的收益函数；解释了模型求解时涉及的最大值原理及最优解;描述了不同政策情景设置的原因;讨论了政策设计的时间一致性问题,解释了有偿使用政策中按年设置收费的原因;最后将模型扩展至适用于多污染物。针对研究内容二,为了获得初始配额价格模型的数值解,设计了 BFGS-PSO 两层嵌套的优化算法;在经多次实验后,选择适当的算法相关参数。

第 5 章 排放权初始配额定价模拟研究。针对研究内容三,将中国的现实数据应用到价格模型中进行计算,首先给定研究边界,介绍模型采用的数据基本特征及构成;其次介绍模型中涉及的系数及未能直接得到的系数的计算;再将数据应用到模型中计算得到初始配额价格、污染物排放量、最优社会总收益等结果。

第 6 章 排放权有偿使用政策效果分析。针对研究内容四,设置了包含排污收费、有偿使用、总量控制的几种不同政策情景组合,从社会总收益、污染物排放量、初始配额价格、有偿使用政策对企业和行业的影响等几个方面展示不同情景下模拟结果。同时,采用配对 t 检验来检验排污收费政策和总量控制政策对有偿使用政策效果是否产生影响。对模型进行敏感性分析。

第 7 章 结论与展望。总结了本研究的主要结论,归纳了研究的主要创新点,并对本研究的局限性做了分析和总结;最后讨论了本研究成果在实际环境管理政策设计中的应用和拓展,并对初始配额价格模型下一步的研究进行了展望。

1.3　研究技术路线

本研究基于动态最优化控制理论、Matlab 非线性动态优化建模与仿真、回归分析等技术方法。

针对研究内容一,刻画有管理者和企业双方参与的价格决策过程;根据最优控制理论构造企业和社会总收益的函数;依据现有的政策情况设置不同政策情景;依据最大值原理讨论有偿使用政策的时间一致性;最后,根据污染物处理成本分摊的原则,将模型扩展至适用于多污染物模型。

　　针对研究内容二，采用 BFGS-PSO 两层嵌套优化算法对有偿使用价格模型求其最优解，并利用 Matlab 非线性动态建模中实现。

　　针对研究内容三，采用 Stata 数据分析和统计软件对企业运行情况数据进行预处理；由于缺少模型中需要的部分系数且部分变量没有直接可获得的数据，用考虑行业平均毛利率的方法计算企业的生产成本；采用成本分摊的方法计算出每种污染物需要的处理成本数据；建立非线性回归方程来描述污染物排放量、产品产量和污染减排投资三者之间的关系，得到按行业分的系数；分别用参与实证计算的企业样本总的污染物排放量与该地区污染物的总排放量之比作为比例系数，计算出针对参与实证计算的企业样本的污染物排放总控制量；建立污染物排放量与投资间的函数；建立污染物处理费用函数；通过边际处理成本得到按地区的污染物排放边际损害；利用 Matlab 仿真模拟实现模型求数值解。

　　针对研究内容四，设置包含排污收费、有偿使用、总量控制的不同政策情景组合，分析有偿使用政策按最优价格执行后可能带来的对污染物排放量、社会总收益、企业选择追加投资或停产的行为；并讨论排污收费政策和总量控制政策对有偿使用政策效果的影响。

　　综上所述，总体技术路线如图 1-1 所示。

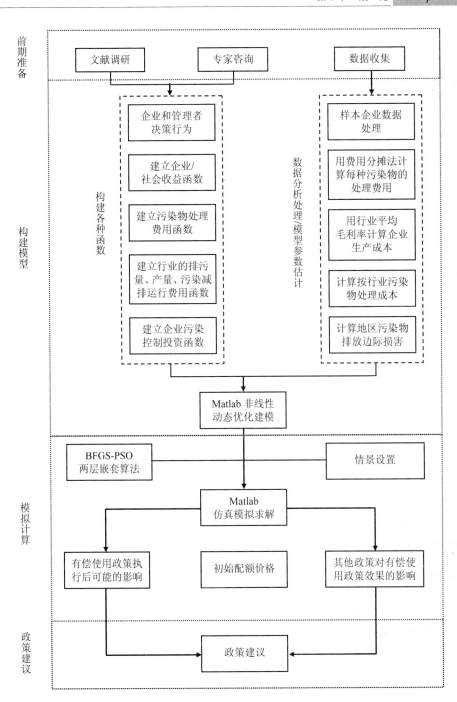

图 1-1　研究技术路线

第2章
排放权有偿使用政策

从实践中解决现实问题的需求，到排放权初始配额有偿使用政策出现雏形，再到形成较为完备的政策实施框架，在我国大体上经历了大约 30 年的时间。本章主要介绍这一政策的发展过程，以及排放权有偿使用与其他政策的关联。

2.1 相关概念

"排污权有偿使用，是指在总量控制制度下，排污单位以有偿的方式获取初始排污指标的行为。排污权的有偿使用实际上是《关于进一步推进排污权有偿使用和交易试点工作的指导意见》①按照'环境容量是稀缺资源，环境资源占用有价'理念形成的，反映环境资源稀缺程度的价格体系和市场，包括新建项目环境准入排污指标的有偿获取和现有排污单位初始排污指标的有偿分配"[8]。

在政府文件及大多数研究中，通常将该政策称为"排污权有偿使用政策"。笔者认为，这样的称谓会让读者直观地理解为有偿使用的客体是"排污权"这种权属；实际上，有偿使用针对的客体是可以量化的初始排放配额，因此在本书中，统一将主语补全为"排污权初始配额有偿使用政策"。考虑到排放交易并非只针对污染物，还包括碳交易，笔者认为实际上"排放权"是更合适的说法，仅描述

---

① 虽然在文件中"排污权有偿使用"和"交易"是一并出现的，但排污权有偿使用和排污交易是两个独立的政策。

排放行为，不表征排放对象。虽然"排污权"这一说法在环境学界及公众中已经广泛使用，但本书中仍统一使用"排放权"的说法。

排放权是指排污单位经核定、允许其排放污染物的种类和数量[8]。排放权实际上包含了两类信息，一类是允许企业排放的污染物种类，另一类是在特定时间内允许排放污染物的数量。实践中污染物的数量被约定俗成地称为"排放指标"或者"排放配额"[8]，现有研究中将其称为"初始排放权"[9, 10]，更多则直接称为"排放权"[4, 11-16]。实际上，这些称谓都是以允许排放污染物的量来衡量的"环境容量资源"[17, 18]。

在本书中，将排放权中表示污染物量化的概念称为配额（allowance）。实践中提到的企业购买排放权，是指企业购买的允许排放污染物的配额，而不是尚未获得合法排污许可的企业通过购买配额将非法排污变为合法。至于企业是否可以合法排放某种污染物，排放的最大量应是多少，处于另一种重要的环境制度——排污许可证制度的管控范畴内，本书不作过多讨论。

"有偿"在不同语境下有不同的指代意义。一般语境中，只要为污染物排放付出费用，即可称为有偿使用。相关政策如排污收费、排污交易等。而本书主要讨论的是排放权有偿使用政策一级市场上政府向企业出售排放配额时围绕价格的一系列问题，因此，在本书的语境中，"有偿"指出售方是政府的情形，即企业从一级市场购买排放权配额，即为初始配额。企业间的排放权配额交易，即二级市场的交易，不在本书的讨论范围内。

"排放权有偿使用"具有明确的指向性，归纳其特点如下：①企业以有偿的方式获得政府发放的初始配额。②排放权有偿使用在排污交易框架中，对应的是排污交易的一级市场，是政府和企业的交易，不涉及二级市场企业之间的交易；排放权有偿使用政策仅限于排放配额在政府和企业之间流动的一级市场。③排放权有偿使用政策中的排放配额具有时间、空间限制的特性。排放配额有规定的有效期，超期废止。为了和现有的总量控制政策对接，排放配额的有效期为 5 年，起止时间与总量控制政策期契合。排放配额有空间限制的特点，不同流域的排放配额不能等同而视。

2.1.1 环境容量资源概念

前面提到，在排放权有偿使用政策实践中将定量表示污染物量的概念称为配额，某个地区拥有多少排放配额由该地区的环境容量决定。环境容量（environmental carrying capacity）是指在不产生不可接受影响的前提下，环境能够容纳特定的活动或一定的活动率的能力（生产活动）[19]。该定义基于以下三个前提：在不会给环境带来非期望影响并且不改变其多种用途的前提下接纳一定水平的污染；在接受这些污染物不会带来不可接受结果的前提下，每种环境都有有限的能承受一定污染物的能力；该种能力是可被量化的、被分配给一定的活动并且能够被利用的。人类的活动给环境带来了影响和改变，其生产生活过程伴随着污染物的排放，而环境提供了吸纳污染物的介质，并且通过自身的物理、化学和生物过程消解这些污染物，而这种环境接收和吸纳污染物的能力是重要的可增值的自然资源[20]。用环境容量来描述自然环境消纳污染物的能力，这种能力是自然资源的一部分功能，人们将其称为环境容量资源。

环境拥有自净能力，能够容纳人类活动而产生的污染物，除了持久性有机污染物、重金属等污染物外，环境通过一系列的物理、化学和生物过程，对污染物的接纳能力是可再生的，对污染物的消纳能力是随着时间变化而更新的，从该角度讲环境容量资源是可再生的；但是，环境的这种自净能力又是有限的，污染物排放量超过一定值，自净能力就不足以消纳污染物，环境也会因过量排放的污染物而改变其原有的功能[21]。为了确保环境能够"可持续发展"，污染物的产生速度不应超过环境消纳污染物的速度[22]，即可认为在一定的时间空间内，环境容量资源是有限的。

2.1.2 环境容量资源权属

按照公共物品（public goods）的定义，公共物品是既无排他性又无竞争性的物品, 如清洁的空气, 干净的水, 生物多样性等环境资源属于公共物品。最初, 人类只是因自身生存需要向环境中排放污染物时, 环境对污染物的消纳能力相对较大, 此时的环境资源有着非竞争性和非排他性, 因此, 在这种情形下能够消纳污染物的环境资源属于公共物品[23]。随着人类社会进步, 工业排放造成了远多于人类生存带来的污染物排放, 人们也意识到, 这种无节制地向环境中排放污染物会带来一些改变环境功能的影响, 应当适度地排放污染物。于是环境容量这个概念应运而生, 人们也开始采取一定措施来控制污染物排放。此时的环境容量资源具有了竞争性, 但仍保持非排他性, 这时的环境容量资源是准公共物品, 具有公共物品的特征[24]。更进一步, 当允许排放一定量的污染物的权利通过一定规则赋予每个排污者时, 环境容量资源不但具有了竞争性, 而且具有了排他性。此时的环境容量资源不再是公共物品或准公共物品, 而是具有典型私人物品的特征[17]。虽然具有私人物品的特征, 但却不能用私有权定义, 于是便引申出关于环境容量资源权属法学概念的讨论。

　　讨论环境容量资源的权属应基于自然资源产权范畴。自然资源的产权界定应包含两个层次的权利界定: 首先是资源使用者和其他功能使用者之间的权利界定, 目的是确定可供使用资源的总量, 明确各自的生产性权利和生存性权利。通过这种界定, 既防止其他功能使用者的权利受到环境容量资源使用者权利的侵害, 又可以保障资源使用者的生产性和经济性权利。其次是资源使用者之间的权利界定, 目的是为资源建立有效的产权结构, 避免公共消费所带来的外部性, 并为实现其商品化奠定产权制度基础, 使用有可能利用市场机制实现资源的高效率配置[25]。

　　根据前面的定义, 排放权的客体是环境容量资源, 环境容量资源以排放权的形式被确权。根据自然资源产权的定义, 自然资源产权是权利行为主体对自然资源拥有的一组权利, 主要包括自然资源的所有权、使用权、转让权和收益权[26]。自然资源所有权有以下几种: 国家所有权体 (state-property regimes), 共同所有权体 (common-property regimes) 和无主或公开取得所有权 (res nullius or open-access regimes)。中国的自然资源归全民所有, 由国家或政府代理行使所有者的权利。根据有关法律和国家资源概念的延伸，环境容量资源为国家所有的资源，其使用权与所有权分离①。因此本书中讨论的排放权的内涵包括环境容量资源的使用权、转让权及收益权。环境容量资源使用权，是指行为主体通过对特定区域环境自净能力进行使用（排污）而获取收益（商业利润）的权利，其客体是环境容量资源[28]。环境容量资源的转让权，是指企业或法人组织等按照一定程序转让环境容量资源的使用权。环境容量资源的收益权，是指拥有使用权的企业或法人通过使用资源或是转让资源使用权获得收益[26]。

排放交易机制（emissions trading schemes，ETS）将环境产权引入环境管理政策体系中。排污者可以通过有偿的方式获取环境容量资源的使用权、转让权及收益权[26]。ETS 使控制排放的责任在排放源之间的转移变得容易，而可转让的产权机制为有效控制污染提供了激励措施。排放交易机制中用许可证来确保产权在不同排放源之间的转移。许可证规定了排放源的设施必须满足符合标准规定，其中通常涉及对授权排放量的限制。只要符合规定的条件，排放源需确保产权的转移带来的环境影响是有益的或可忽略的，则产权是可在排放源之间进行转移的。这种转移行为实际上是向市场寻求符合成本收益核算原则的污染控制方案，它能大幅降低控制成本，并且鼓励技术进步[29]。环境容量资源这种准公共物品具有稀缺性和外部性的特征，决定了产权对保护环境容量资源的重要意义[20]。环境资源被视为能提供多种服务功能的资产，稳定产权系统的建立能减缓或避免环境资源的过度开发。一旦建立了环境容量资源的产权，产权归排污者所有，会激励排污者追求环境容量资源价值的最大化，以最有效的方式使用资源[30]。

2.2　政策起源

任何政策的出现都符合其时代背景并顺应现实需求，排放权有偿使用政策也

---

① 在美国的二氧化硫排放交易计划中，立法规定限额不属于财产权，因为政府会决定改变排放总量的上限（即减少可用限额的数量）。然而，在功能上，限额的所有权和责任与产权相似[27]。

不例外。随着经济不断发展，我国污染物排放量已经远超环境容量，导致环境质量恶化，因此，我国政府采取一系列措施来控制并减少污染排放。我国于 1979 年开始推行针对污染物排放的排污收费政策。该政策的目的是通过将污染排放造成的外部损害纳入企业生产成本，进而促使企业积极减少污染物排放。然而由于排污收费标准设置远不能弥补环境治理成本，对企业形成的约束较为有限，无法激励企业积极减排[31]。

随着污染物排放量逐渐增加，污染控制压力也逐渐增大，仅靠单一的排污收费政策不能有效控制污染物的排放。我国最初的污染排放管理着眼于按污染物排放浓度控制，经实践后，逐渐转向浓度控制和总量控制相结合。从 1996 年的《"九五"期间全国主要污染物排放总量控制计划》伊始，中国的污染物排放总量控制政策开始正式执行[32]，对污染物的控制主要体现在督促现有源排放量的削减和控制新增量的增长两个方面。"十五"期间，我国环保工作重点全面转到污染物排放总量控制，原国家环保总局提出通过实施排污许可证制度促进总量控制，通过排放权交易试点完善总量控制。排污交易的实践最早于 20 世纪 80 年代末便已经开展，可追溯到 1987 年上海闵行区企业之间的水污染物排放指标有偿转让实践。1988 年 3 月 20 日，国家环保局颁布并实施的《水污染物排放许可证管理暂行办法》第四章第二十一条就规定了："水污染排放总量控制指标，可以在本地区的排污单位间互相调剂。"从 1998—2000 年的起步尝试阶段，到 2001—2006 年的试点摸索阶段，直到 2007 年至今的试点深化阶段，排污交易在中国已有近 30 年发展历史[33]。

排污交易的流程如下：首先，政府将排放配额以一定规则发放给企业。政府和企业之间的配额流动称为一级市场①。然后，企业根据自身的生产需要以及污染减排成本来决定是否可以满足排放需求，是否需要进行技术改造提升污染物处理能力，或是在排污交易市场上购买或出售排放配额。企业之间的配额流动称为

---

① 将排污交易过程中一级市场环节管理者发放给企业的配额称为"初始配额"（initial allowance），也只有这个环节的配额才会被称为初始配额。

二级市场。排放权交易是运用市场机制削减污染物的重要手段，是降低减排成本而建立的污染物排放总量指标再分配的二级市场，以提高环境资源的配置效率为核心，被视为是能用最少的成本实现减排的政策[34-36]。

在排污交易政策实施的初期，管理者以一定的规则向企业无偿发放初始配额[37]，企业再根据自身的需求决定是否需要在交易市场上出售或购买排放配额。随着制度实施的深入，无偿发放这种形式被认为存在一定弊端。已经存在的企业收到无偿发放的配额，而新进入的企业需要在排污交易市场上购买排放配额。相对于新进入市场需要购买配额的企业，那些无偿获得初始配额的企业没有付出成本就能得到因拥有配额而带来的收益，等于政府补贴了无偿获得配额的企业[38]。此外，初始配额是无偿获得，使企业缺乏减少排污量的动力和压力[39]，无偿使用环境容量资源会使资源配置处于一种低效率的状态，也使企业有申请超出实际需要配额的倾向；从管理部门的角度讲，无偿发放初始配额会为寻租行为提供空间，即企业会尝试通过获取特批配额的寻租途径而获得超额收益[17]。基于以上原因，我国于 2007 年推行了排放权有偿使用政策①，希望通过该政策分配初始配额，建立政府主导的一级市场，规定化学需氧量（COD）、氨氮（NH_3-N）、二氧化硫（SO_2）、氮氧化物（NO_x）这 4 种污染物的排放权初始配额需要有偿取得。

2.3 政策发展历程

排放权有偿使用政策发展历程分为几个阶段：雏形阶段、试点阶段、深化推广三个阶段。

---

① 虽然在国家公布的文件中，排放权有偿使用和排污交易政策是成对出现，但它们其实是两个相互独立的政策。

（1）雏形阶段

早在 2002 年，浙江省嘉兴市秀洲区的环保、物价、财政部门联合颁发了《秀洲区水污染物排放总量控制和排污权有偿使用管理试行办法》。"试行办法"规定，在总量控制的前提下，现有排污单位必须有偿使用目前占用的排污总量指标；新增水污染排放量的新、扩、改建单位，取得可转让的排污总量指标后才能办理相应的环保审批手续。取得排污权的单位，其有偿使用的总量指标自己不用时，可在本区境内企业间转让，转让价由双方协商。这是首次出现的排放权有偿使用的雏形。

无独有偶，2004 年，江苏省在位于太湖流域的张家港、太仓、昆山市和惠山区开展水污染物排污权有偿分配和交易试点工作。在确定三市一区每个重点企业污染物排放总量指标的基础上，由当地环保局以排污许可证的形式，让各个企业来"购买"分配的总量排放指标。如果企业实际排放总量高于"购买"的分配总量指标，这些企业就必须在限期内采取削减排污措施，或是到排污交易市场上去购买排放权；如果企业实际排放总量低于"购买"的分配总量，可将富余指标放到市场上进行交易，或可以储存起来用于自身扩大再生产。通过有偿分配和交易，促进排放企业积极采取措施控制和削减排污总量，合理配置和使用环境资源。在不断探索并总结经验的基础上，2007 年，江苏省制定《江苏省太湖流域主要水污染物排放指标有偿使用收费办法》。

该阶段是排放权有偿使用政策出现的雏形阶段，各种方法细则还尚未完善。虽然江苏太湖流域、嘉兴两个试点地区分别颁布了排放权有偿使用费征收管理办法，但国家层面尚未有一套完整的技术方案与指导办法，未出台全国性的政策法规。

（2）试点阶段

自 2007 年起，国家层面开始尝试推动各地排放权有偿使用政策试点。财政部会同环境保护部、国家发展改革委先后批复了天津市、江苏省、湖北省、陕西省、浙江省、内蒙古自治区、湖南省、山西省、河北省、河南省、重庆市 11 个省（市）作为国家级试点单位，青岛市作为计划单列市一同展开试点，积极探索实行排污权有偿使用和交易制度。国家从三个方面支持指导试点省（市）工作：一是向试点省（市）介绍美国等市场经济国家排污权交易做法；二是组织试点省（市）交流经验，并在全国范围内推介好的经验；三是安排资金，支持试点省（市）加强污染物排放监测监管以及交易平台建设。一些省份也自行选择部分市（县）开展了试点。

在此阶段，各地区的试点工作取得了长足进步。各种政策法规办法相继出台。推行试点的地区陆续出台了各自的有偿使用和交易管理暂行办法、实施细则等，对有偿使用的关键技术问题进行了深入探讨，如排放权初始分配方法、有偿使用费价格体系建立、有偿使用申报审批程序、监督与管理等技术与管理问题等。

试点工作取得了积极的成效。一是"环境容量是稀缺资源，环境资源占用有价"理念逐步深入人心，企业珍惜环境资源、自觉减排的意识得到加强；二是公平地提高了环境准入门槛；三是排污权有偿使用和交易必须准确计量污染的排放数量，有利于实施污染物总量控制，是完成国家污染物减排目标的重要基础支撑；四是增加了污染物治理投入；五是创新了污染物治理筹资新机制，如浙江、湖南、山西等研究出台了排污权抵押贷款办法，企业可通过排污权抵押贷款，获得污染物治理资金；六是试点省（市）初步构建完成排污权有偿使用和交易政策框架体系。虽然排污权有偿使用试点已取得积极进展，但仍存在着一些问题：一是缺乏相关配套政策法规；二是顶层设计不足，地方试点规范性不足；三是政策实际执行中有偿使用定价方法和依据不够清晰；四是监测监管能力不足。

（3）深化推广阶段

经过数年的试点，在积累了一定经验的基础上，2014 年，国务院办公厅出台了《关于进一步推进排污权有偿使用和交易试点工作的指导意见》（以下简称《意见》）。《意见》是我国第一个全国性指导排污权有偿使用和交易试点工作的政策文件，明确了试点工作的总体要求与目标定位。

《意见》首先介绍了排放权有偿使用和交易政策推行的背景、意义和工作目标；其次明晰了排放权有偿使用制度的具体内容，包括排放权有偿使用政策的目的和具体操作方案、排放权出让收入管理方式等；再次明确了二级市场交易行为、交易范围、如何提高市场活跃度以及交易管理等内容；最后，阐述了排放权有偿使用和交易试点工作顺利开展的保障性工作，希望试点地区在排放权使用费收取、富余指标核定、许可证管理、初始定价等方面加强管理，建立相关保障制度，加强监督管理，明确试点地区每年向国务院报告试点情况，三部门负责跟踪总结试点地区经验做法。

2.4　试点实践

资源有偿使用的理念深入人心，是我国现阶段发展过程中对于资源如何管控的重要指导思想，而排放权有偿使用与交易政策是资源有偿使用的具体措施，因此，近年来我国在发展规划纲要中数度强调排放权有偿使用与交易。国家环境保护"十二五"规划中提出，要"健全排污权有偿取得和使用制度，发展排污权交易市场"；2011 年国务院颁发的《"十二五"节能减排综合性工作方案》(国发〔2011〕26 号)第四十四条指出，要"推进排污权和碳排放权交易试点。完善主要污染物排污权有偿使用和交易试点，建立健全排污权交易市场，研究制定排污权有偿使用和交易试点的指导意见"。同年发布的《国务院关于加强环境保护重点工作的意见》(国发〔2011〕35 号)更是明确提出要实施有利于环境保护的经济政策，"推行排污许可证制度，开展排污权有偿使用和交易试点，建立国家排污权交易中心，发展排污权交易市场。" 2013 年 9 月，党的十八届三中全会通过的《关于全面深化改革若干重大问题的决定》，提出："实行资源有偿使用制度和生态补偿制度。推行排污权交易制度"。2015 年 9 月，中央政治局会议审议通过的《生态文明体制改革总体方案》，提出："推行排污权交易制度。在企业排污总量控制制度基础上，尽快完善初始排污权核定，扩大涵盖的污染物覆盖面。扩大排污权有偿使用和交易试点。制定排污权核定、使用费收取使用和交易价格等规定。"
2015 年 10 月，党的十八届五中全会通过的《关于制定国民经济和社会发展第
十三个五年规划的建议》，指出："建立健全用能权、用水权、排污权、碳排放
权初始分配制度，创新有偿使用、预算管理、投融资机制，培育和发展交易市
场。"（表 2-1）。

表 2-1　国家层面与排放权有偿使用与交易有关的文件

	文件名	发布机构	印发日期
涉及有偿使用内容	"十二五"节能减排综合性工作方案	国务院	2011 年 8 月
	国务院关于加强环境保护重点工作的意见	国务院	2011 年 10 月
	国家环境保护"十二五"规划	国务院	2011 年 12 月
	关于全面深化改革若干重大问题的决定	中央政治局	2013 年 11 月
	生态文明体制改革总体方案	中央政治局	2015 年 9 月
	关于制定国民经济和社会发展第十三个五年规划的建议	中央政治局	2015 年 10 月
专门性文件	关于进一步推进排污权有偿使用和交易试点工作的指导意见	国务院办公厅	2014 年 8 月
	排污权出让收入管理暂行办法	财政部、国家发改委、环境保护部	2015 年 7 月
	排污许可管理办法（试行）	环境保护部	2018 年 1 月

2007 年起，国家层面开始尝试推动各地排放权有偿使用政策试点，积极探
索实行排污权有偿使用和交易制度。国家让试点地区先自行开展工作，摸排实践
中遇到的问题，提出解决方案。在历经数年的试点实践基础上，国家总结经验，
就有偿使用与交易工作如何开展的问题，相继出台了相关指导意见。2014 年 8
月，国务院办公厅印发了《关于进一步推进排污权有偿使用和交易试点工作的指
导意见》。2015 年 7 月，财政部会同国家发展改革委和环境保护部印发了《排污
权出让收入管理暂行办法》（表 2-1）。

　　从 2007 年至今这十余年，其他地区的排放权有偿使用政策也在逐步推进。但由于各地区经济发展水平不一，有偿使用政策的推进程度也不一致。浙江、江苏等省份有偿使用政策开展范围较广，下级市都颁布了各自的排污权有偿使用和交易管理办法和实施细则等；而没有在全省范围内推广的省份，选择了局部地区进行试点。进行排放权有偿使用政策试点的地区如表 2-2 所示。由于各地区信息公开化程度不同等，部分试点地区颁布的文件没有在网上公开，或是该地区没有明确的相关文件出台，因此，表中列出的均是在互联网上能公开查到的文件。此外，表中展示的文件多以省级层面颁布的文件为代表，地市级颁布的文件不一一详述。出台的文件有这样几类：关于开展相关工作的指导意见、实施意见、管理办法、实施细则。这几类文件在指导政策如何执行的细节上逐层递进。

　　排放权有偿使用政策经过数十年的发展，各地区出台了相关政策，已形成较为清晰的政策框架。这些政策详细规定了有偿使用和交易工作的实施平台、污染物排放量的核定规则、有偿和交易的价格、初始配额的储备等信息。

表 2-2　开展排污权有偿使用和交易试点地区出台的相关文件

地区名	文件名	印发日期	开始执行日期
河北	河北省排污权有偿使用和交易管理暂行办法	2015 年 10 月 19 日	2016 年 1 月 1 日
山西	山西省主要污染物排污权交易资金收支管理暂行办法	2011 年	2011 年 12 月 1 日
	山西省主要污染物排污权交易实施细则（试行）	2011 年 9 月 1 日	2012 年 7 月 1 日
	关于主要污染物排污权交易基准价及有关事项的通知	2013 年 12 月 11 日	自发布之日起
内蒙古	内蒙古自治区主要污染物排污权有偿使用和交易管理办法（试行）	2011 年 4 月 20 日	2011 年 4 月 20 日
	内蒙古自治区主要污染物排污权有偿使用和交易试点实施方案	2011 年	自发布之日起
	关于继续执行主要污染物排污权有偿使用暂行收费标准和交易价格的函	2014 年 3 月 11 日	2014 年 3 月 1 日

地区名	文件名	印发日期	开始执行日期
辽宁	沈阳市排污权有偿使用和交易管理办法	2017 年 7 月 29 日	2017 年 10 月 1 日
吉林	吉林省人民政府办公厅关于开展排污权有偿使用和交易试点工作的实施意见	2014 年 12 月 29 日	2014 年 12 月 29 日
黑龙江	黑龙江省二氧化硫排污权交易管理办法（试行）	2009 年 8 月 7 日	2009 年 9 月 1 日
	哈尔滨市二氧化硫排污权交易暂行办法	2010 年 12 月 24 日	2011 年 1 月 1 日
	关于主要污染物排污权有偿出让有关问题的批复	2016 年 6 月 26 日	自发布之日起
江苏	江苏省太湖流域主要水污染物排污权有偿使用和交易试点排放指标申购核定暂行办法	2009 年 2 月 17 日	自发布之日起
	无锡市主要水污染物排放指标有偿使用收费管理实施办法	2009 年 5 月 31 日	自发布之日起
	无锡市主要污染物排污权有偿使用和交易实施细则	2011 年 5 月 23 日	2011 年 7 月 1 日
	江苏省二氧化硫排污权有偿使用和交易管理办法（试行）	2013 年 6 月 18 日	2013 年 7 月 1 日
	江苏省排污权有偿使用和交易价格管理暂行办法	2017 年 1 月 30 日	2017 年 2 月 1 日
	江苏省排污权有偿使用和交易管理暂行办法	2017 年 8 月 16 日	2017 年 8 月 16 日
	江苏省排污权有偿使用和交易实施细则（试行）（征求意见稿）		
	关于明确排污权有偿使用与交易收费有关事项的通知	2018 年 11 月 8 日	2018 年 11 月 8 日
浙江	秀洲区水污染物排放总量控制和排污权有偿使用管理试行办法	2002 年 5 月 15 日	2002 年 6 月 1 日
	杭州市主要污染物排放交易实施细则	2008 年 12 月 26 日	自发布之日起
	嘉兴市主要污染物初始排污权有偿使用实施细则（试行）	2010 年 6 月 30 日	2010 年 7 月 1 日
	浙江省排污权有偿使用收入和排污权储备资金管理暂行办法	2010 年 12 月 30 日	自发布之日起
	浙江省排污权有偿使用和交易试点工作暂行办法实施细则	2011 年 5 月 13 日	自发布之日起

地区名	文件名	印发日期	开始执行日期
浙江	总装机容量 30 万千瓦以上燃煤发电企业初始排污权有偿使用费征收标准	2012 年 5 月 18 日	自发布之日起
	浙江省排污权储备和出让管理暂行办法	2013 年 8 月 21 日	2013 年 9 月 30 日
	浙江省储备排污权出让电子竞价程序规定（试行）	2015 年 5 月 29 日	2015 年 7 月 1 日
福建	福建省人民政府关于推进排污权有偿使用和交易工作的意见（试行）	2014 年 5 月 13 日	自发布之日起
	福建省主要污染物排污权指标核定管理办法（试行）	2014 年 7 月 3 日	自发布之日起
	福建省排污权储备和出让管理办法（试行）	2014 年 7 月 16 日	自发布之日起
	福建省排污权交易规则（试行）	2014 年 8 月 25 日	自发布之日起
	关于福建省初始排污权指标有偿使用费收费标准核定及有关事项的复函	2014 年 9 月 5 日	自发布之日起
	福建省初始排污权指标有偿使用费和排污权交易价格管理办法	2014 年 11 月 22 日	自发布之日起
	福建省排污权租赁管理办法（试行）	2015 年 6 月 2 日	自发布之日起
	福建省人民政府关于全面实施排污权有偿使用和交易工作的意见	2016 年 11 月 16 日	2017 年 1 月 1 日起
江西	江西省排污权出让收入管理实施办法	2016 年 5 月 17 日	2016 年 6 月 1 日
	江西省排污权有偿使用和交易实施细则（试行）	2018 年 12 月 14 日	自发布之日起
河南	河南省主要污染物排污权有偿使用和交易管理暂行办法	2014 年 7 月 25 日	2014 年 10 月 1 日
	河南省主要污染物排污权有偿使用和交易管理暂行办法实施细则	2015 年 12 月 31 日	2016 年 1 月 1 日
	河南省排污权出让收入管理暂行办法	2016 年 1 月 22 日	自发布之日起
	关于河南省新建改建扩建项目主要污染物排污权有偿使用收费有关问题的通知	2016 年 2 月 19 日	2016 年 4 月 1 日
	河南省关于明确排污权有偿使用和交易工作有关事项的通知	2016 年 5 月 30 日	自发布之日起
湖北	湖北省主要污染物排污权电子竞价交易规则（试行）	2014 年 9 月 4 日	自发布之日起
	湖北省主要污染物排污权交易办法实施细则	2014 年 9 月 4 日	自发布之日起
	湖北省主要污染物排污权有偿使用和交易工作实施方案（2017—2020 年）	2017 年 9 月 16 日	自发布之日起

地区名	文件名	印发日期	开始执行日期
湖南	湖南省主要污染物排污权有偿使用和交易实施细则（试行）	2010 年 11 月 26 日	自发布之日起
	湖南省主要污染物初始排污权分配核定技术方案	2011 年 7 月 29 日	自发布之日起
	湖南省主要污染物排污权有偿使用和交易管理办法	2014 年 1 月 20 日	自发布之日起
	湖南省排污权有偿使用和交易资金使用管理办法	2014 年 9 月 1 日	自发布之日起
	湖南省主要污染物排污权有偿使用收费和交易政府指导价格标准	2015 年 1 月 1 日	自发布之日起
	湖南省主要污染物排污权抵押贷款管理办法（试行）	2015 年 11 月 5 日	自发布之日起
广东	关于在广东省开展排污权有偿使用和交易试点工作的实施意见	2013 年 1 月 7 日	自发布之日起
	关于试点实行排污权有偿使用和交易价格管理有关问题的通知	2013 年 12 月 18 日	自发布之日起
	广东省排污权有偿使用和交易试点管理办法	2014 年 3 月 13 日	2014 年 4 月 13 日
	广东省排污权有偿使用费和交易出让金征收使用的管理办法	2014 年 12 月 12 日	自发布之日起
	广东省排污权交易的规则（试行）	2015 年 1 月 23 日	2015 年 1 月 23 日
广西	南宁市排污权有偿使用和交易暂行办法（征求意见稿）		
	南宁市排污权有偿使用和交易实施细则（征求意见稿）		
海南	海南省排污权有偿使用和交易工作方案	2016 年 5 月 17 日	自发布之日起
	海南省主要污染物排污权有偿使用和交易管理办法	2017 年 1 月 19 日	2018 年 12 月 31 日
	海南省排污权出让收入管理办法	2018 年	
	海南省主要污染物排污权有偿交易基准价标准等相关规定	2019 年 1 月 7 日	2018 年 12 月 31 日

地区名	文件名	印发日期	开始执行日期
重庆	重庆市主要污染物排放权交易管理暂行办法	2010 年 8 月 25 日	自发布之日起
	重庆市主要污染物排放权交易审核办法（试行）	2010 年 10 月 22 日	自发布之日起
	重庆市主要污染物排放权储备管理办法（试行）	2010 年	自发布之日起
	重庆市主城区二氧化硫排放权有偿使用试点方案	2011 年	2012 年 1 月 1 日
	重庆市工业企业排污权有偿使用和交易工作实施细则	2017 年 12 月 25 日	自发布之日 30 日后起
四川	成都市排污权交易管理规定	2012 年 6 月 13 日	2012 年 8 月 1 日
贵州	贵州省排污权有偿使用和交易试点方案	2013 年 4 月 12 日	自发布之日起
	贵州省排污权有偿收入管理暂行办法	2015 年 6 月 16 日	自发布之日起
	贵州省排污权交易指标补充规定（暂行）	2015 年 6 月 24 日	自发布之日起
云南	昆明市二氧化硫排污权交易实施细则（试行）	2010 年 8 月 24 日	自发布之日起
陕西	陕西省二氧化硫排污权有偿使用及交易试点方案（试行）	2010 年 5 月 18 日	自发布之日起
	陕西省二氧化硫排污权储备管理办法（试行）	2010 年 5 月 18 日	自发布之日起
	陕西省氮氧化物排污权有偿使用及交易试点方案（试行）	2011 年 11 月 15 日	自发布之日起
	陕西省氮氧化物储备管理办法（试行）	2011 年 11 月 15 日	自发布之日起
	陕西省主要污染物排污权有偿使用和交易试点实施方案	2012 年 2 月 21 日	自发布之日起
	陕西省化学需氧量和氨氮排污权有偿使用及交易试点方案（试行）	2012 年 5 月 8 日	自发布之日起
	陕西省化学需氧量和氨氮排污权储备管理办法（试行）	2012 年 5 月 8 日	自发布之日起
甘肃	甘肃省关于开展排污权有偿使用和交易前期工作及试点工作的指导意见	2014 年 12 月 31 日	自发布之日起
青海	青海省主要污染物排污权有偿使用和交易管理办法（试行）	2014 年 2 月 8 日	自发布之日起
	青海省主要污染物排污权有偿使用和交易试点实施方案（试行）	2014 年 2 月 8 日	自发布之日起

地区名	文件名	印发日期	开始执行日期
青海	青海省主要污染物排污权交易规则（试行）	2014 年 7 月 15 日	2014 年 8 月 16 日起，2016 年 8 月 15 日止
	青海省主要污染物排污权交易资格审查办法（试行）	2014 年 7 月 15 日	2014 年 8 月 16 日起，2016 年 8 月 15 日止
	青海省主要污染物排污权电子竞价交易规则（试行）	2014 年 7 月 15 日	2014 年 8 月 16 日起，2016 年 8 月 15 日止
	青海省主要污染物排污权交易规则的补充	2015 年 3 月 9 日	自发布之日起
新疆	新疆维吾尔自治区排污权有偿使用和交易试点工作暂行办法	2015 年 12 月 2 日	自发布之日起

2.5 相关环境政策

除了排放权有偿使用政策外，针对污染源管理的环境政策，还有排污交易、排污收费、取代排污收费的环境税、污染物排放总量控制政策。这些政策有各自不同的产生背景及功能。

2.5.1 排污收费

"排污收费（pollution charge）是指向环境直接或间接排放污染物的排放者，根据其排放污染物的数量和类型向有关政府（或代理）交纳的费用"[40]。为了将环境污染带来的外部不经济性内部化，促进企业进行污染治理、减少污染排放，最终能够改善环境质量，我国于 1979 年开始推行排污收费政策。1979 年颁布的《环境保护法（试行）》正式规定了该制度。此后，在《大气污染防治法》《水污染防治法》《固体废物污染环境防治法》《环境噪声污染防治法》等法律中都对这项制度作出了规定。1982 年国务院发布的《征收排污费暂行办法》和 1988 年国务院发布的《污染源治理专项资金有偿使用暂行办法》对排污收费的征收对象、征收范围、征收标准、收费计算方法、排污费加收和减收、征收程序以及排污费的管理和使用等作出了详细的规定。

　　排污收费理论上是污染者为其对环境造成损害的补偿,但在实际排污收费方案设计中,由于就每一种污染物确定其污染损失费用与污染排放量之间的关系存在诸多困难、污染边际损失费用曲线不易获得,且费用信息不完善等原因,确定收费标准的方法主要依据污染削减费用或污染边际削减费用曲线。现行的排污收费依照上述方法计算其收费价格[41]。

2.5.2　环境保护税

　　排污收费政策自 1979 年执行以来,在促进企业进行污染减排方面取得了显著成效[42-44]。自 2018 年 1 月 1 日起,我国开征环境保护税,现行的排污收费将"由费改税",排污收费被环境税取代。依据"税负平移"原则,根据现行排污收费项目设置环保税的税目,根据排污费计费方法来设置环保税的计费依据,并以现行排污收费标准为基础设置环境保护税的税额标准。在 2019 年环保税开征后,原先的排污收费转为环境税中针对污染物排放的税收部分[45]。

2.5.3　污染物排放总量控制

　　除了经济型政策,我国的现行污染物控制政策中,还有污染物排放总量控制这种命令型控制政策。"总量控制是将管理的地域或空间(例如行政区、流域、环境功能区等)作为一个整体,根据要实现的环境质量目标,确定该地域或空间一定时间内可容纳的污染物总量,采取措施使得所有污染源排入这一地域或空间内的污染物总量不超过可容纳的污染物总量,保证实现环境质量目标"[46]。

　　我国最初的污染排放管理着眼于按污染物排放浓度控制,经实践后,逐渐转向浓度控制和总量控制相结合。从 1996 年的《"九五"期间全国主要污染物排放总量控制计划》开始,我国的污染物排放总量控制政策开始正式执行[32],对污染物的控制主要体现在督促现有源排放量的削减和控制新增量的增长两个方面。2000 年第九届全国人大通过的《大气污染防治法》,为国家污染控制战略实现由浓度控制向总量控制转变提供法律保障。"十五"期间,我国环保工作重点全面转到污染物排放总量控制，为使环保工作适应经济建设需要，原国家环保总局提出通过实施排污许可证制度促进总量控制，通过排放权交易试点完善总量控制。

总量控制政策是对主要污染物排放量设定总排放量目标，执行"自上而下"的分配模式：国家将污染物排放目标总量分配给各个省，由各个省级行政区管理部门依据分配的总量来控制本区域内的污染物排放量。设定的总排放量目标为五年期，每年进行一次考核。理论上，总量控制政策讨论的污染物排放总量应是某地区的环境容量总量，根据该地区的环境质量标准核算可容纳的污染物总量作为该地区的污染物排放控制总量；实践中，我国现行的总量控制政策中执行的是目标总量，是按照历史基础排放量及减排目标制定的排放总量控制目标[47, 48]。目前，污染物排放总量控制已经成为我国一项重要的环境法律制度，对削减污染物排放、遏制环境质量退化、建立政府环境保护目标责任制等起到了积极有效的作用。

第3章
排放权初始配额定价研究进展

当存在外部性、不明晰的产权制度、资源产权交易的不完全市场、社会和私人贴现率偏离等现象时，仅依靠市场配置手段不能实现资源配置收益最大化。为了纠正这些偏离，排放权有偿使用政策应运而生。但该政策的出现也伴随着诸多疑问：排放权有偿使用政策实质是什么？其理论基础是什么？初始排放配额价格多少合适？有什么方法可以用来制定初始配额价格？这些方法是否适当？实践当中的情形是什么样的，存在哪些问题？本章将梳理以往相关研究的文献，为逐一解答这些问题提供背景介绍。

3.1　排放交易中的初始配额分配

排放交易机制作为具有成本有效性的方法被广泛应用于解决区域、国家、全球尺度的类似酸雨、地面臭氧和气候变化等环境问题。该方法出现与发展的历程中经过多次完善，诸多细节在此不详细展开，我们主要关注其交易过程中与我国有偿使用政策类似的同样涉及一级市场的初始配额分配环节。

3.1.1　抵消政策

美国自 1970 年颁布了《清洁空气法案》（Clean Air Act），但到 1976 年法案规定的最后期限时，一部分地区也未能达到清洁空气法规定环境空气质量标准。

该法规强制要求改善这些地区的空气质量，因此除非该地区的空气质量符合标准，否则会被禁止新企业进入这些地区。禁止经济增长作为解决空气质量问题的手段在政治上非常不受欢迎，于是推行了"抵消政策"（offset policy）。该政策鼓励未达标区域内的污染源资源将排放水平降至法定要求以下，然后美国国家环保局（U.S. Environmental Protection Agency，EPA）将这些超额减少量认证为"减排信用额度"（emission reduction credits）。一旦得到认证，这些信用额度就可被交易给希望进入该地区的新污染源。新污染源能够进入未达标区域的前提是新污染源从该地区其他的污染源中获得了足够的减排信用额度，使新污染源进入后的区域排放总量比以前更低（通过要求新污染源拥有其将排放污染物量的120%排放信用额度，如超出排放需要的 20%信用额度就直接退出排放市场，以改善空气质量）。这种方法在改善空气质量的同时允许经济实现增长。

3.1.2 限额交易计划

（1）美国二氧化硫配额交易项目

美国国家环保局在 1990 年的《清洁空气法修正案》（Clean Air Act Amendments of 1990，1990 CAAA）中建立了"酸雨计划"（Acid Rain Program，ARP），要求电力部门减少排放造成酸雨的主要前体物二氧化硫（SO_2）和氮氧化物（NO_x）。ARP 建立了美国的第一个限额交易计划（Cap and Trade），引入了利用市场激励来减少污染的配额交易系统（Allowance Trading System）。基于市场的减排方式给受规制的企业提供了灵活的减排方案，可以选择最具有成本有效性的方法来实现减排，以达到环境目标并且改善人们的健康[49, 50]。

限额交易计划有如下特征。首先，政府决定在规定时间内允许总排放量，也就是"上限（cap）"。然后，政府设定配额（allowance），数量为污染物的量，发放的配额总量等于上限。在项目开始时，可以给排放源（企业或设施）免费发放配额或以一定价格出售配额（通常通过拍卖出售），或是这两种发放方式的组合。受监管的企业必须持有与其污染物排放量相一致的排放配额，如果没有足够的配额，则可能会受到处罚或其他强制措施。企业可以在市场上购买配额，或者选择减少排放。对于持有少量配额的公司，选择减少或购买配额将取决于合规成本与购买配额的价格（或预期价格）。规定配额有效期为一年，但未使用的配额可以结转到下一年。

限额交易计划中，配额分配是一个重要环节，该环节决定是否将配额免费分配给排放源（通常基于某种形式的经营数据），由监管当局通过拍卖或直接销售的方式出售，或通过上述方式的组合形式进行分发。在美国的二氧化硫配额交易项目（SO$_2$ allowance-trading program）中，有一小部分配额预留出来用于直接销售，以保证新污染源能够直接购买配额。直接销售配额的价格是固定的，在交易初期，每个配额为 1 500 美元（按通货膨胀率予以调整），该价格为初期价格的 2～3 倍（边际成本）。1997 年取消直接销售这种方法，因为配额的价格比预期设想的要低得多，而且配额市场十分活跃[51]。在这之后，可出售部分配额通过拍卖的方式发售，拍卖有助于确保新的排放单元在现存排放单元得到初始配额后还有公开获得配额的渠道。此外，在监管项目早期阶段，拍卖有助于向配额市场提供价格信息[52]。

（2）欧盟排放交易计划

为了实现《京都议定书》中达成协议的二氧化碳排放目标，欧盟执行了欧盟排放交易计划（European Union Emissions Trading Scheme，EU ETS）。EU ETS是世界上第一个大型排放交易计划[53]。其初始配额分配方式是随着不同阶段而变化的。在阶段一，所有国家的大部分配额是免费发放的（利用祖父法，grandfathering）。该方法因为容易引起暴利、效率低于拍卖，并对创新清洁可再生的新能源激励作用很小而备受诟病[54-56]。另一方面，对于少数部门来说，分配配额比拍卖更适合，比如铝业和钢铁行业，这些行业面对着国际竞争，碳价格对他们来说是至关重要的。为了解决这一问题，欧盟委员会在第二阶段（2008—2013年）将可拍卖的排放许可份额提高至 10%[57]。在阶段三（2013 年 1 月）伊始，欧盟委员会将废除国家分配计划，用排放许可证制度代替，并拍卖更多的排放许可份额（2013 年时约占 60%，以后逐年增长）[58, 59]。

英国是欧盟排放交易计划阶段二中第一个实行拍卖的成员国，其在阶段三会有更高的拍卖水平——到 2020 年，预计将有超过 60%的配额被拍卖。英国和大多数成员国的电力行业将不会再得到免费发放的配额。但是，一小部分的成员国能得到免费的过渡配额，让他们的电力产业有时间升级[60]。2010 年 11 月 11 日，欧盟委员会正式通过拍卖条例。这是一个效力遍及全欧盟范围的条例，该条例能够决定 1 亿份额的配额在阶段三内怎样按每年进行拍卖。准则（bench marking）是一种分配免费份额的方法，该方法可以奖励早进行减排的行为并鼓励排放企业进行长期的减排。对电力行业来说，不再有免费发放的配额（废气例外，且一些成员国的电力行业有限制的缓冲时间）。那些没有暴露出明显的碳漏损（carbon leakage）危险的行业能得到 80%的免费配额（比如，80%的基准免费配额），到 2020 年降至 30%，2027 年就没有免费配额了。那些被认定暴露出明显碳漏损的部门，将会得到全部免费的配额，即 100%。这意味着差不多所有的排放企业都不会得到足够的免费排放配额来抵消其已有的排放，他们不得不购买剩下的排放配额[59-61]。

3.1.3 单独可转让份额

新西兰为渔业资源管理推行了"单独可转让份额"（individual transferable quota，ITQ）系统。该系统通常基于渔业部根据跨期生物评估（包括上一年的捕捞水平）以及其他相关的环境、社会和经济因素，为每种鱼类设定年度总允许捕捞量（total allowable catch，TAC）来限制捕捞作业。总允许捕捞量的目标是将捕捞量控制在能维持鱼类种群可持续发展的水平。由于总捕捞量受限，渔民必须获得一定份额的可捕捞量才能进行作业，这种方式极大保护了鱼群数量以及避免某个鱼种被过度捕捞[62]。

在 ITQ 系统运行最初，政府将份额（quota）①以固定量按年度免费分配给渔民，并允许渔民申请改变其初始配额。然而，引入 ITQ 系统的主要原因是重建沿海渔业并改善该行业的经济状况。份额总量为固定的，如果政府希望减少渔业总捕捞量，政府只能在公开市场上回购份额。面对花费大量金钱回购份额的局面，政府将基于固定量的配额转变为与总允许捕捞量挂钩的份额。采取这种方案后，与未来总允许捕捞量水平存在不确定性的相关风险负担从政府转移到了行业。当然，这些行业也收到了总允许捕捞量削减的补偿金[63, 64]。

新西兰市场既出售永久捕捞份额，也能出租份额。实际上，几乎所有租约都是一年或更短的时间。鉴于捕捞鱼类数量和种类的不确定性，渔民持有的份额由捕捞前后租赁、购买的份额组成，也可在捕捞后出售多余份额，以涵盖实际捕捞量。无论是捕捞前或捕捞后交易，捕捞份额一般只能在同一种鱼类中进行交易，不能跨越地区、物种或年份。捕捞份额可以分解成较小的数量以任何金额出售或出租，转租次数不限[62, 64]。

3.1.4　排放权有偿使用政策

我国在排放权有偿使用政策中，使用配额（allowance）来衡量允许排放污染物的量，单位为"吨"。与美国的限额交易（cap and trade）系统类似，配额总量是有限制的；但不同的是，我国的配额总量与污染物排放总量控制政策挂钩，每隔 5 年会进行调整。

美国和欧盟开展的排污交易中，初始配额分配的环节已逐渐从免费变为有偿，其方式为拍卖。我国排放权有偿使用政策将初始配额分配这个环节提升到独立于排污交易的政策层面。该政策推行后，我国逐步开展排放权有偿使用政策试点。

---

① 份额和配额分别应用于渔业资源管理的单独可转让配额系统和污染物的限额交易系统中，针对的管理对象分别是渔业资源和环境容量资源。两种概念依赖于其在交易系统中的规定，实际上单从字面上并无区别。由英文翻译到中文时，为表示区别，将 allowance 翻译成配额，quota 译成份额，强调每个部分占总量的比例。

2001 年，浙江省嘉兴市秀洲区出台了《水污染物排放总量控制和排放权交易暂行办法》，实行水污染初始排放权的有偿使用[65]。这是国内真正意义上的排放权初始配额有偿分配和使用的实践。自 2008 年起，财政部与环保部联合在全国范围内开展排放权有偿使用和交易试点工作。截至 2016 年年底，我国共有 12 个地区开展了排放权有偿使用政策试点①：天津市、江苏省、湖北省、陕西省、浙江省、内蒙古自治区、湖南省、山西省、河北省、河南省、重庆市共 11 个省（市、区）经国家批复推行排放权有偿使用和交易试点。另外，青岛市作为计划单列市，也被纳入国家批复试点中。除了西藏自治区、港澳台地区外，剩余 19 个省（市、区），都自行开展了排放权有偿使用和交易试点。

免费分配的初始配额变为有偿分配后，排放权有偿使用政策的核心部分是如何制定初始配额价格。针对有偿使用政策，各试点地区依据各自的情况制定了其初始配额价格。附录中的附表 1 总结了部分试点地区关于初始配额价格的基本信息。从表中可以看出，各试点地区初始配额价格差异较大。按照对应的有效年限平均价格、化学需氧量价格的两个最值分别为湖南的最低价格 230 元/（t·a）和江苏无锡、浙江长兴的最高价格 5 000 元/（t·a）。氨氮价格，湖南省最低 260 元/（t·a），江苏省最高 11 000 元/（t·a）。二氧化硫价格湖南省最低 200 元/（t·a），江苏省最高 3 000 元/（t·a）。实践中各个地区制定初始配额价格时，没有统一的方案，其定价依据也不尽相同，因此初始配额价格差异较大。详细的定价方法在 3.2 节讨论。

3.1.5 交易的量化指标差异

在各种排放交易机制中，用于量化污染物的指标有信用额度（credit denomination）、配额（allowance）、份额（quota）三种。

信用额度出现在抵消政策中，通常以污染物流量"吨/年"为单位来计量[29]。

---

① 以参加财政部批准的地区为准，其他各地方也有自发实行试点的地区。

信用额度交易事先设定了标准，允许超出法定要求的减排量被认定为可交易的信用额度，提供了一种更灵活的手段来实现设定的源的总排放量目标[66]。补偿政策中要求被认定为信用额度污染物的减排量应是永久性的。

配额出现在限额交易系统中，以"吨"为单位来计量，是离散的概念。限额交易系统设立了总排放量上限。一旦授权配额的排放量使用了，配额即废止，如要发放额外的配额需要新的授权。发放可排放配额的数量通常随着时间的推移而下降，这个过程是按照具体的时间表计划完成的，因此，排放者可以合理规划其污染控制投资。提前分配配额也为期货市场的发展带来便利。配额更有助于离散减排量的设立和转让的过程。限额交易系统同时鼓励临时和永久减排[67]。

份额出现在单独可转让份额系统中，通常以"吨/年"为单位。份额的单位与信用额度类似，但其总量却是按年度发生变化的。

尽管表现出了相似性，但是基于交易系统的信用额度和配额这两个概念差异不能忽略。信用额度交易依赖于先前存在的一系列监管标准，配额交易并不是这样。一旦定义了配额总量，原则上配额可以以无限种形式分配给排放源。实践证明，即使在这样的情形下也可使用配额：①没有建立或不能建立基于技术的基准；②污染减排是暂时的（已经达到排放标准）。信用额度和配额在另一个方面也有明显的差别。配额系统给排放量设置了一个不被经济增长所影响的总额。该总额在基于传统技术、特定源排放标准或者是缺少其他限制的条件下不被影响；而信用额度系统与基于技术的排放标准是相关联的。因为特定的源排放标准，配额总量对所有源的总排放量没有任何控制作用。因此，当排放源增加时，总排放量也随之增长。基于特定源排放标准的信用额度交易也允许总排放量增加，除非在系统中建立附加的限制条件[29]。在美国的抵消政策中，附加限制条件要求所有位于未达标地区新建和扩建源通过从现有排放源那里获得的信用额度以抵消总排放量的增加，空气质量将会被新增源的进入或是扩建源的新技术而改变。

3.2　排放权有偿使用定价方法

关于如何为初始配额定价，涌现了大量研究。研究中涉及的方法可以归为三类，如表 3-1 所示。

表 3-1　排放权初始配额定价方法

参与定价的主体	方法/依据	针对市场	详细
自然资源定价方法	机会成本	一级市场	边际机会成本[82]
	治理成本	一级市场	平均处理成本[13]
		一级市场	边际处理成本[4]
	边际成本+边际收益	二级市场	边际消减成本+边际排污收益[83]
	环境损害	一级市场	边际环境损害[71]
	环境容量价值	一级市场	经济价值+生态价值[72]
	影子价格	一级市场	平均影子价格[68-70]
许可证拍卖	拍卖	一级市场	二级密封价格拍卖法[9, 95]
其他定价方法	期权	一级市场	Black-scholes 模型[12, 77]
	IPO	一级市场	首次公开发行股票[78]
	动态博弈	一级市场	演化稳定策略[79]（evolutionary stable strategy，ESS）
	合作博弈	一级市场	纳什议价（Nash-Bargaining）[93]

一是沿用传统的自然资源定价方法。包括按照环境资源的稀缺程度根据资源供求情况定价[68-70]、考虑社会平均污染物治理成本[13]、根据使用资源对环境造成的损害定价[71]、根据环境容量带来的收益计算价格[72]。

二是使用配额/许可证拍卖的办法。在美国酸雨计划中的限额交易和欧盟排污交易过程中，拍卖都是初始配额有偿分配最常用的一种手段[51, 57, 73-76]。

三是其他方法，如有学者参考期权定价[12, 77]的方法或者是首次公开发行股票[78]的定价方法来确定初始配额价格；管理者和企业同时参与的合作博弈定价[79]等。

3.2.1 　 沿用自然资源定价方法

（1）环境容量资源的影子价格

学者们通过计算环境容量资源的影子价格来讨论排放配额的价格。在美国 SO_2 交易中，使用输出距离函数的方法，估计 SO_2 减排的影子价格，认为是近似于配额的价格[80]。颜蕾等建立了排放权交易初始定价模型，以得到的影子价格作为初始排放权的分配价格，进而分析初始分配价格的形成机制[68]。林涛认为，初始分配价格可以通过自然资源定价模型进行设计；影子价格是初始分配价格和市场价格的重要参考，可利用污染物影子价格对初始分配价格进行调控[81]。胡民利用影子价格模型对排放权交易市场中排放权的初始定价及交易中的市场出清价格的形成机制进行了分析，指出通过影子价格可以为政府在初次分配排放权时寻求定价依据，从而达到企业目标和社会目标相一致[70]。

（2）考虑对环境的损害

一部分学者认为排放权初始配额价格与使用环境容量资源的成本有关。章铮将环境自净能力视为环境容量资源，认为其价格相当于其边际机会成本[82]。毕军采用传统市场法中的恢复成本法对环境容量的价格进行了评估，进而为初始排放权定价提供参考价格[13]。叶维丽认为有偿使用费收费标准的制定基于水环境资源的价值，以污染治理成本内部化为定价依据[4]。

另一部分学者认为排放权价格要从使用环境容量资源的成本和收益两个方面衡量，还应考虑对环境造成的损害。黄桐城分别从治理成本和排污收益的角度构造了排放权交易市场的定价模型[83]。郭琪认为环境产权有偿初始分配应综合考虑福利的代际补偿成本和个体的代间交易成本，在实行标价限量配置方式下，以边际环境损害为基础，体现交易成本地区差异[71]。于鲁冀等通过对水污染物排放权的内涵进行探讨，提出了一种基于水环境容量价值的定价策略，该定价策略综合考虑了水环境容量的经济价值和生态价值，以及地区、行业间的差异，以期能够更加准确地反映水污染物排放权的内在价值[72]。

3.2.2　许可证拍卖

无论是在美国酸雨计划中的限额交易还是欧盟排污交易过程中，拍卖都是初始配额有偿分配最常用的一种手段[51, 57, 73-76]。因此，在我国实行排放权有偿使用政策时，一些研究者主张使用拍卖的方法来让市场为初始配额定价。肖江文对初始排放权的拍卖进行了分析，认为竞标拍卖方式是初始排放权的一种合理的分配方式，投标人越多，政府管理机构所得收益越高[9]。在政策试点过程中，也有部分试点地区采取拍卖的方法来确定排放配额价格。

拍卖这种方法具有一定的优点。与免费分配相比，拍卖会带来一定收入，从而减少政府对普通税收的依赖；由拍卖收入带来的减少税收扭曲收益效率被称为收益回收效应（revenue-recycling effect）[84-86]。在碳交易市场中，初始配额的分配方法对电价和分配效率产生很大的影响，拍卖的方式往往会降低价格和边际成本差异，而免费分配往往会放大这种差异[87]。拍卖会刺激企业进行技术创新，并更有可能得到有效的技术创新[88, 89]。

然而拍卖也存在一定的弊端。拍卖作为一种基于市场的机制，被认为能够根据经济效率对资源进行分配并且能够产生收入，但是当拍卖运用于能够产生负外部性的产品时，其对消费者福利和社会福利带来的影响是不确定的[90]。此外，在 EPA 的排污交易市场中，拍卖设置可能会使买卖双方都有低估配额价值的倾向，导致降低配额交易市场的效率[91]；而当卖家可以设定投标价格这样的激励措施存在时，更会扭曲市场效率[92]。

拍卖是利用市场来定价的方法，其优点是市场参与者掌握着各自的成本核算信息，无须政府了解这方面的信息，对政府来说，节省了了解这些信息的成本；但也应认识到，完全由市场决定价格时，向环境排放污染物这种行为的负外部性企业不会考虑。

3.2.3　其他方法

（1）金融产品定价方法

施圣炜从期权定价的角度来考虑排放权初始配额分配问题[12]。王宇雯在引入环境成本要素供求的框架下对排放权初始配额分配作用机制进行了分析，在此基础上从实物期权视角建立初始定价模型，并结合实际对模型进行了执行价格非零方向的扩展[77]。梅林海提出可以采用股票定价的方法（Initial Public Offerings，IPO）来对排放权进行定价[78]。

（2）管理者和企业博弈定价

管理者和企业都参与排放配额定价时，定价过程实际上是博弈过程。夏德建从动态博弈的视角分析了政府与企业在排放配额价格制定上的策略演化，对政府制定公平有效的排放权定价模式提供了可资借鉴的参考[79]。刘钢等利用合作博弈理论构建了基于多利益相关者合作的湖域工业初始配额纳什议价（Nash-Bargaining）定价模型[93]。

3.3　排放权有偿使用政策效果评估

政策制定者们除了关注有偿使用价格如何制定，还关注政策执行后的效果。政策制定者们都在探索，执行政策后会带来什么样的结果[94]。排放权有偿使用政策的初衷并不是管理者单纯追求经济收益，而是希望通过该政策，让污染排放企业承担其应当承担的排放成本，并且希望该政策执行后能够刺激企业实现污染减排、技术革新等一系列目标。至此，讨论政策执行后的效果成为政策的重要一部分。

但是现实中的污染控制目标确定往往缺乏有效的费用效益分析和技术经济可行性分析，尤其是很难估计这种目标对受控对象的影响。另一方面，通常有关政府管理部门所确定的污染控制目标（如削减目标）只是对行政区政府具有强制性，而具体到每个企业却无法规定其具体削减多少。因此，政策出现后会有怎样的影响就显得尤为重要。这样，就可以通过有偿使用费的影响评估及其获得的信息，反过来为排污收费标准的调整提供基础。在已有的研究中，讨论的都是在价格信号出现后，对社会经济的影响、污染物排放影响是什么状况，但是不假设企业的产量会发生变化。

3.4 多重政策效应

环境政策包括排放税、限额交易、减排补贴、绩效标准，采用特定现有技术以及新的清洁技术等手段。面对诸多政策，传统环境经济学认为在满足一定假设条件下，单一政策可以解决单一的环境问题。这些假设包括在所有参与者中存在明确的产权、充分的信息和完善的预测，没有买方或卖方相对于整体市场足够"大"以至于能控制任何市场力量。有学者认为，单一税收或单一可交易许可证制度可能有效地纠正污染的外部性[96, 97]。如果这些假设是合理有效的，即使没有具体考虑使用中可能产生的增加的行政成本，只使用单一的政策可能会好于多个政策[98]。多重政策的使用被认为是冗余的，最糟的情形是低效的"政策混乱"[99]。

然而，现实中上述假设条件并不能一一满足，这就意味着当市场不完善以及制约因素存在时，想利用单一政策解决污染外部性问题可能结果并不理想。与理想市场有偏离的现实情景中政策无法实现最优效果，只能实现次优效果。次优理论认为，如果在一般均衡系统内存在一个约束条件阻碍了实现帕累托的之一条件，那么达到帕累托最优的其他条件不一定是福利增长[100]。在次优情形里，污染控制政策组合在效率方面可能优于单一政策，政策间可能互相补充、弥补单一政策的不利之处。污染外部性的存在使市场失灵和私人管理结构失败是使用政策组合的基本原理[101]。一方面，污染外部性可能不是孤立存在的，而是由私人治理结构的其他类型的失败（如技术溢出和信息不对称）所强化的。在这种情况下，可能需要多个策略来同时纠正所有问题。另一方面，由于相应的交易成本太高，单一的最佳政策可能无法完美实施。政策组合可能成为降低交易成本的有效手段[102]。

（1）污染外部性和技术溢出

旨在克服污染外部性的污染控制政策只能在一定程度上激励技术变革。技术变革可以让企业以较低的成本遵守污染控制政策。关于不同类型污染控制政策的效果如何，一直存在争论。有些学者认为税收和可交易许可证等以市场为基础的政策优于命令型控制政策[103, 104]。促进创新和广泛应用的激励措施也可能因市场政策的不同而不同[88, 105-107]。然而，政策按优劣明确排名却似乎不太可能[108]。

但更重要的是，这两种类型的污染政策所提供的激励措施都不足以克服技术溢出效应。对于气候变化而言，排放减缓政策的影响可能主要受技术溢出的影响[109]。如果只考虑污染外部性，就必须将碳税的最优税率设定得远远高于所要求的水平。但是单纯提高碳税水平也会导致效率低下，因为并不是所有的减碳投资都具有长期创新的潜力，相反需要更加集中的技术创新和广泛应用的激励措施。因此，从动态的角度来看，单一的污染控制政策效率不高[108]。

在存在污染外部性和技术溢出的情况下，采用污染政策和技术政策的组合可能优于仅采用前者。几位研究者认为将可交易许可证或税收这类可纠正污染外部性的政策与补贴手段结合，可解决溢出问题[99, 110, 111]。如果只是溢出效应显著，排放政策与强有力的创新支持的结合在经济上是合理的；当排放政策还没有将排放量确定在庇古的水平上时，通过增加创新支持政策而带来的福利收益尤其高[112]。

（2）污染外部性和不对称信息

如果污染外部性存在信息不对称特征，那么仅解决污染外部性问题的政策可能在降低污染上是无效的，尤其是当市场参与者之间存在外部信息不对称时。尽管存在污染控制政策，但高能效技术市场仍处于发展阶段。污染控制政策增加了能源使用成本。从理论上讲，市场参与者应该有动力转向节能技术；然而，市场参与者往往不能有效地对污染控制政策做出反应，因为他们对可选用的节能技术并不了解[113]。

污染控制政策克服信息不对称的失败提供了一个与信息政策相结合的理论基础。信息提供可能在福利方面主导环境税收，产品在生产过程中会产生污染外部性（不影响消费者的效用）和消费过程中的健康损害（影响消费者的效用）。消费者并不完全了解消费导致的健康损害。信息提供将需求转向更健康的产品，同时降低环境的外部性。因此，要求税收水平降低、整体福利增加[114]。大量文献表明，通过提供更多的信息手段来作为污染控制政策的补充，以促进节能技术的广泛应用[111, 113]。额外的信息措施可能有助于克服技术市场上的不对称信息。它们为市场参与者提供不同的节能技术选择知识。因此，市场参与者能够有效地响应污染控制政策制定的激励措施[110, 115]。

（3）政策交互影响

没有任何单一政策在政策选择时考量的所有方面都胜出，并且在实践中选择政策时会出现折中和妥协，特别是确保影响分配的合理程度或其政治可行性，往往牺牲了成本收益方面的考量。因此有时需要设计混合政策，以结合各种政策的特点。政策之间潜在的交互作用是研究者们关注的问题，因为各个行政管辖区同时采取的政策之间可能存在不利的相互作用[116]。

现行政策可能会影响到排放控制手段的选择。先前关于电价的管制就是一个例子。在大多数电价基于平均成本的国家，其电价往往低于边际供应成本。这反映了这样的事实：基础负荷技术，如煤炭和核能发电等传统技术，比新型技术和天然气发电等技术拥有更低的可变成本。在这种情况下，电价不仅低于社会成本（包括环境成本），而且低于边际私人供给成本[116]。在拍卖许可证下适度降低电厂二氧化碳排放量的成本比绩效标准之下的减排成本低约 2/3。这是因为拍卖许可证对电价影响较大，而企业又必须为了拍卖许可证的剩余排放量而付费。因此，在这种情况下，拍卖许可证有利于帮助价格接近边际社会成本[117]。

税费的交互影响对排放定价工具与其他环境政策之间的选择也有重要意义。对于给定的污染减排,技术要求和绩效标准与税收交互影响效应往往小于排放税和排放许可。这些政策可能会对产品价格产生较弱的影响,因为他们不会对企业的剩余排放收费。事实上,至少在相同的公司背景下,(基于自由分配的)许可证制度优于技术标准和绩效标准的优越性可以被推翻,因为在市场政策下有更高的税收互动效应[118]。

3.5 本章小结

本章介绍了排放权有偿使用政策的相关基本概念,回顾了我国现有的环境政策背景,以及在该背景下推出的有偿使用政策试点情况。分析了已有研究中采用的初始配额价格确定方法。

有偿使用政策出现的契机是在排污交易的一级市场中,初始排放配额免费分配会带来一系列的政策扭曲,为了矫正这些扭曲效应,政策制定者决定有偿分配排放配额。而矫正这些扭曲效应并非有偿使用政策出现的根本原因。表象之下,排放配额有偿使用的根本原因是排放配额的供应量少于企业的需求量,现有的排放配额价格水平和费率结构(包括已有的排污收费部分)未能充分反映环境容量资源消耗的真实成本。在排放权有偿使用政策出现之前,环境容量资源即排放配额的价格没有包括稀缺租金部分,未能反映出环境容量资源的真实价值。

在管理者意识到该问题后,推行了有偿使用政策,希望能在污染者支付的费用中体现环境容量资源的真实价值。获知环境容量资源的价值并非易事,最简便易行的方法是采取拍卖的手段来让市场为其定价。然而拍卖并非是完美的办法,当资源使用产生诸如外部性的市场失灵时,因为私人利益和社会利益产生了分歧,拍卖这种基于市场的方法可能不会产生有效的分配结果[119]。排放权有偿使用政策希望实现最有效的环境容量资源分配是将其分配给能创造最多社会收益的企业;而拍卖这种手段是出价最高者得到标的物,但出价最高者未必是能够用该资源创造出最多社会收益的企业。使用拍卖这种解决方案实际上是将稀缺资源需求同质化了。因此，当拍卖不能实现有效的资源分配时，管理者希望有其他的方法可以借助。

前面总结了一些排放权有偿使用政策实践过程中的排放配额定价方法，有些方法已在实践中应用，另一些方法尚停留在理论阶段。以独立视角观察这些方法，各自都有不同的考虑和出发点，然而将其放在我国整个环境政策框架大背景之中考虑，部分定价方法忽略了与现有政策的交互影响[120]。在开展排放权有偿使用政策之前，针对与环境容量资源相关的内容，我国已经开展了排污收费政策与污染物排放总量控制政策。排污收费政策中企业缴纳的排污费是企业为环境损害支付的补偿，是否属于环境容量资源价值的一部分？已缴纳的这部分补偿是否会影响有偿使用政策中排放配额的价格？污染物排放总量控制政策中对各行政区的污染物排放总量有限制，这种限制是否也会影响排放配额的价格？

除了忽略相关政策的影响，现有定价方法中涉及使用污染物平均处理成本的方法也因跟排污收费中采用了相同的定价方法而备受诟病。在排污收费政策中，使用企业平均边际处理费用法作为排污收费的计算方法①[7]。在有偿使用定价诸多方法中，很多也涉及了使用污染物平均处理费用。因此，采用相同计算价格的方法让有偿使用政策受到是排污收费的重复政策的质疑。那么在本书中，应当从理论上辨析有偿使用费和排污收费的性质，在排放权初始配额价格确定方法中，应当区别于排污收费的计算方法。

有偿使用政策针对水污染物里的 COD 和 NH_3-N 两种污染物，而在水污染物的处理过程中，这两种污染物具有协同处理效应[121, 122]。当企业在处理过程中有目的地减少其中一种污染物时，另一种污染物也相应减少。在上述现有的排放配

---

① 该方法直接选取企业污染处理设施样本，以污染物削减量或排放量作为解释变量，处理费用作为被解释变量，构建幂指数形式的计量方程。在得到企业平均边际处理费用函数后，采用类似行业平均边际处理费用的方法，求得企业削减某种污染物的平均边际处理费用，以此作为该种污染物的平均收费标准。

额计算方法中，没有考虑这两种污染物的协同处理效应。因此，在制定水污染物排放配额价格的时候协同处理效应应当予以考虑。

本书中涉及了多个与环境相关的政策：排污收费政策、排放权有偿使用政策、污染物排放总量控制政策。这些政策的目标不同，但其作用的对象都是污染物排放量，这就意味着，三种政策会同时作用在相同的载体上。根据前人的研究结果，命令型控制政策与税费型政策间会产生影响，那么，排污收费和总量控制政策是否对有偿使用政策执行效果有影响也是需要重点关注的问题。

第 4 章
排放权初始配额价格模型构建

本章主要介绍排放权初始配额价格模型的构建过程,首先介绍建模的理论基础,其次分析企业在应对有偿使用政策时的决策行为模式,刻画企业和管理者参与配额价格确定的博弈过程,再次详述价格模型构建过程,然后解释实现计算的算法设计过程,最后讨论政策的设计是否具有动态一致性。

4.1　建模理论基础

环境容量资源在其使用的过程中伴随着外部性,即使是在完全竞争市场上也会扭曲对该类资源的合理配置[30]。在没有外力进行干预的前提下,排放污染物的企业从产品生产中受益,但其污染物排放造成污染的社会成本却不会计入其私人成本。这种外部性的存在,导致使用环境容量资源的真实社会成本没有完全体现。

4.1.1　稀缺租金

在认识到环境容量是一种资源后,人们希望了解环境容量资源的价值。自然环境为人类提供服务并参与人类的经济活动,主要有四种方式:提供资源参与企业的生产;消纳生产和消费过程中产生的废物;为人类提供舒适性环境;为人类提供生存支持[123]。在探讨自然资源价值的时候,理论上应考虑其整体价值;但是在实际中，自然资源参与人类经济活动，主要体现在其使用价值，因此人们更多讨论的是使用价值[124]。自然资源作为生产资料参与到生产中，与其他生产要素共同作用获得收益，而明确将自然资源这种生产资料与其他要素剥离开，用来独立表示其带来收益的是"经济租金"（economic rent）。最早经济租金的概念来自土地，是指在相同的条件下（劳动力、资本、技术等）指定的土地与另一块最贫瘠或最远土地的生产收益差异[125]。土地面积有限、肥力各异，其他情况也是固定不变的，因此，自然环境赋予的土地肥力多少、恒定的土地储量这两个因素决定了租金的多少。根据土地被开发利用的不同程度，划分了四种不同产生机理的租金：粗放耕种租金（rent in extensive cultivation）、集约化耕种租金（rent in intensive cultivation）、差异优势租金（rent due to differential advantages）、稀缺租金（scarcity rent）[126]。其中，稀缺租金的含义为当土地没有更多供应时，条件最差的土地在扣除成本后得到的收益。

稀缺租金概念的应用由土地推及自然资源。大多数自然资源行业，其生产者剩余等于其生产利润加上生产者拥有的稀缺性资源投入带来回报，这种回报呈上升趋势。而且由于部分生产者拥有稀缺性的资源，即使允许其他生产者自由进入市场，引发的竞争也不能消除这种包含稀缺性资源带来回报的生产者剩余。在持续的长期竞争均衡中，生产者剩余被称为稀缺租金[30]。

根据 Hartwick 原则，对可耗竭资源收取适当的稀缺租金可以将资源的消耗维持在可持续发展的水平：如果人们将环境禀赋中资源开采（使用）得到的所有稀缺租金以资本方式进行投资，那么就可以将资源的消费始终维持在一个固定水平上，投资水平应该足以保证总资本存量的价值不会降低[127]。只有将全部的稀缺租金都以资本方式进行投资，且当代人完全不能使用这些稀缺租金时，才可以保障可持续的资源配置。但在现实中，在正贴现率水平下，人们已经消费了一些稀缺租金，违反了 Hartwick 原则，必须制定进一步的政策才能保证资源可持续使用。在需求充足的情况下，不受限制的使用权将导致资源被过度开发，资源的稀缺租金被浪费[30]。管理者逐渐意识到，需要有额外的政策来保证资源的可持续利用。

在自然资源如何使用方面需考虑两个维度的问题：一是纵向的时间选择，意味着人们决定什么时候使用资源才能使其收益最高，包括长期内的不可再生资源和短期内的可再生资源使用；另一个是横向的用途选择，即选择把资源投入到哪种用途（行业）中才能产生最大的效益。

在时间维度上，自然资源在被消耗时面临着这样的问题：当前被消耗的自然资源在未来就失去了被消耗的可能，那么在合适的时间点消耗资源就显得极为重要。Hotelling[128]认为若想保持存储的不可再生自然资源的价值不变，其影子价格应随着利率的增长而增长，否则资源的拥有者最好将出售这些自然资源的所得存入银行而不是维持资源的现状，并将该影子价格称为稀缺租金。这种时间上的选择使得自然资源的消耗有着相应的机会成本（opportunity cost）[129]。

即使是在同一时期，自然资源的使用也涉及了投入在不同用途之间的选择（如某行业或某企业）。资源投入某种用途，就失去了投入另一种用途的可能，那么，需要支付一定的费用才能使得资源保持在某种用途中，该费用即为转移收益。转移收益（transfer earnings）是在目前使用中保持生产要素所需的最低付款额。这种转移收益也可看作某种资源（劳动力）选择留在当前的工作中而不去选别的工作而承担的机会成本。

现代经济学中，大多数生产要素的收入通常都包括转移收益和经济租金[130]。使用资源所带来的收益由经济租金与转移收益两部分组成，而经济租金和转移收益这两部分的具体比例由资源供应是否有弹性决定[131]。若资源供应单一弹性，供应曲线将向上倾斜，企业收入将在经济租金与转移收益之间分配。若供应无弹性，供应曲线将是完全垂直的，企业的全部收入将由经济租金组成。若供应是有弹性的，供给曲线将是完全水平的，企业的全部收入将由转移收益组成。

4.1.2　最佳污染排放量

人类生产生活过程中伴随的污染物排放会对环境造成影响甚至是危害，但实行污染物零排放从成本效益分析角度讲也非理智之举，实际上自然环境是能够承受一定数量的污染水平的，应该将污染控制在可接受的范围之内。那么，如何衡量环境可承受的污染水平是政策设计者们需要解决的问题。可承受的污染水平有两类设定方法：一类是可根据对人类健康影响的可接受风险程度，确定相应的环境暴露浓度，进而确定该地区的环境质量标准，而后根据环境质量标准计算该地区的环境容量；另一类是在经成本效益分析后确定的"最佳污染排放量"[30]。

污染物排放伴随着收益（benefit）和损害（damage），在简单的静态污染物模型中，有效的排放水平是将净收益（net benefit）①最大化。净收益最大时的排放水平相当于污染外部性完全内部化情形下的排放水平。根据最优情形实现条件可知，污染的净收益只有在污染的边际收益等于边际损害时才能实现最大化。具体情形如图 4-1 所示。当污染物排放的边际减排成本曲线和边际损害曲线相交于 E 点时，意味着该点的边际减排成本和边际损害相等。那么该点对应的污染物排放量即为最佳污染物排放量。

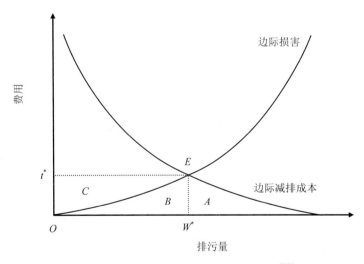

图 4-1　经济有效的最佳污染物排放水平[30]

---

① 定义为污染收益（pollution benefit）减去污染成本（或损害）（pollution cost/damage）的污染净收益。

有了最佳排放量目标，又需要选择合适的方法将排污量控制在最佳排放量。管理者可以采用命令型控制政策，规定污染物排放量或是排放标准；也可以采取经济政策，针对排污者排放污染物的量进行收费，或是按一定标准对污染物排放的削减进行补贴，再者可以规定一定的污染排放水平，但允许排放者可以通过买其他排放者的多余排放指标来获取超过规定排放水平的排污量[132, 133]。对应到我国的环境政策实践中，这几种方法分别是污染物排放标准控制、污染物排放总量控制、排污收费、排放权有偿使用政策和排污交易政策。

环境污染实质上是一种外部不经济性，而对环境污染这种行为收费是促使这种外部不经济性内部化的一种有效方法。在图 4-1 中，最佳污染物排放量 W^* 的对应的面积 Ot^*EW^* 即为要实现最佳污染物排放量排污者所应支付的费用。此时，排放者所支付的费用由面积 B 和 C 两部分相加组成：面积 B 位于边际损害曲线之下，表示污染物排放量为 W^* 时的污染损失费用，可理解为排污者对环境污染损失的一种补偿费用；而面积 C 位于边际损害曲线到价格线 t^*E 之间，表示排放者为获取环境容量资源 W^* 而支付的稀缺租金，也可认为是受污染损害的一方，在接受污染损失补偿时获得的一种超额补偿。在此，排污者缴纳的费用包括两个部分：B 污染损失费用，C 稀缺租金。对应到我国现有的环境政策体系中，排放权有偿使用政策和排污收费政策同样都是对排污者排放的污染物进行收费的经济政策，排污收费针对的是排污者支付的对环境造成污染损失的补偿费用，而有偿使用费用是排污者为得到环境容量资源即排放配额而支付的稀缺租金。排污者缴纳的补偿费用和稀缺租金的总和，组成了将污染物排放量控制在最佳排污量的总费用。虽然在理论上可以区分这两种政策分别针对的费用，但对排污者来说，这两种费用都是其为污染物排放支出的成本。因此，在本书中，考虑已有的排污收费加上将要执行的有偿使用费，在这两种费用的共同作用之下，寻找能实现社会净收益最大时的最佳污染物控制水平。

在排污交易过程中，初始配额免费发放这一行为补贴了获得配额的企业，企业实际上是获得了使用环境容量资源带来的稀缺租金。为初始排放配额定价，实际上就等同于探究使用环境容量资源而收获的稀缺租金。

4.2　相关模型回顾

在明确了寻找能实现最大社会净收益的最佳污染物排放水平目标后,需要构建模型来描述最佳污染物排放量、排污者应支付的费用、最大社会净收益、排污者污染减排量以及对应的减排成本这几个关键变量之间的关系。有诸多方法可以表述这些变量的关系,总的来说有两大类模型,即工程模型和经济模型。在实践中多是使用工程经济混合模型,但是不同模型关注的重点差别较大。在理想状态下,人们希望通过使用集经济模型和工程模型优点于一体的混合模型来估计成本。这有可能是两类模型的简单联立,也有可能是系统开发的集成模型。在众多尝试中,以下为比较有代表性的模型。

(1)投入产出模型(input-output models,IO)

投入产出模型(IO)将经济体划分为多个部门,然后通过一组联立的线性方程组用数学的方法表示经济关系。这些方程体现了被代表部门之间的投入产出关系。因此,IO 模型可以捕捉到部门之间的相互依赖和溢出效应[134]。比如说,假如减少某个部门的某种能源使用量,IO 模型就可以探索减少能源用量对整个经济体的影响[135]。然而,IO 方程中的固定系数排除了行为改变和随价格改变的因素替代效应,因此,IO 模型倾向于高估减排成本。IO 模型针对需要分类部门细节的短期建模很有用处。

(2)宏观经济模型(macroeconomic models,Mac-M)

宏观经济模型(Mac-M)对有效需求变化发挥关键作用,并且可以量化变化的程度。更复杂一些的模型还包括总体工资和价格水平的变化,并且描述了由于冲击而导致的动态调整至新均衡的结果。当 Mac-M 与其他能处理更多该部门信息的模型整合后,该模型可以用来估计短期和中期的环境政策执行成本的改变。

(3)可计算一般均衡模型(computable general equilibrium models,CGE)

可计算一般均衡模型(CGE)基于微观优化理论模拟代理人行为。该模型解决了产生一般均衡时一系列的工资和价格问题。CGE 模型通常不包括从一个平衡状态至另一个平衡状态的调整过程，被广泛应用于模拟排放税之后的结果[136]。

（4）动态优化模型（Dynamic optimization models，DO）

动态优化模型（DO）是自下而上的部分均衡模型。可用于最大限度地降低某个部门的长期成本，从而实现该部门的部分平衡。复杂的版本允许需求响应价格，并能检查部门变化的驱动因素（由此可以追溯随时间变化部门使用资本存量到大小和类型变化）。动态优化模型通常与宏观模型相结合。

（5）专用综合能源经济系统模拟模型（purpose-built integrated energy-economic system simulation models，E-E）

专用综合能源经济系统模拟模型（E-E）通常专门用来估算特定情况下的减排成本（如达到京都议定书温室气体目标所需的减排成本）。它是能源需求和供应技术自下而上的表征，因此通常在高度细分的层面上拥有非常丰富的特定技术。E-E 模型有着与能源结构相一致的组成部分。该模型通常被用来模拟实现不同情景目标时的结果和成本。实际上，大部分 E-E 模型都是混合动力，且组成部分间存在不一致的问题。例如，可以将其作为复杂工程模型的基础计算直接技术成本。与之关联的可以是用来观察市场行为以便估计技术适用性的模块，更进一步还可以估计由于需求下降带来的福利损失及由于贸易变化带来的收益和损失。

4.3 最优控制模型

本书要解决的是排放权初始配额有偿使用价格确定问题，以及模拟该政策执行后会有怎样的结果。定价过程从企业级别出发，模拟企业对价格信号的对策，并将结果反馈给政策制定者。政策制定者根据企业的对策预测相应的社会净收益，并根据反馈的社会净收益变化调整有偿使用价格。

在要建立的模型中，需要描述以下关系：首先是企业对价格的响应对策。对企业以一定的价格收取有偿使用费之后，企业为保证利益最大化，会核算其多支出排放成本后的收益变化。如收益减少到不可接受的程度，企业会使用一些措施进行调整，包括对自身生产情况的调整、是否追加污染减排投资等。其次是所有企业执行响应对策后整个社会净收益的改变。政策制定者不关注单个企业的收益变化，只关注整个社会的净收益。再次是政策制定者收到社会净收益变化反馈后，再根据该反馈调整有偿使用价格。"价格—对策—反馈—价格"这个过程不断循环往复，直至达到政策制定者既定的目标优化目标——最大社会净收益。针对上述信息不完全及研究样本分散且独立的特征，要建立描述企业个体行为并将其与描述社会净收益结果两部分联结的模型，需要借助工程-经济模型来实现。

在前面讨论过的模型中，IO 模型只适用于线性关系变量，非线性关系并不适用。CGE 模型适用于非线性关系，但涉及大量参数，而这些参数一般不易取得。而且，这两种方法并不适用于企业级别的数据，仅适用于宏观产业层面。本研究中，污染物排放和产品产量的关系并非线性关系，且研究样本对象为企业，这就要求借助适用于企业级别的模型来描述变量之间的关系。除了模型中需要描述的几对关系，政策的执行往往是一个较长的阶段，而所处的社会经济系统和环境系统皆为动态，在执行过程中很多变量会发生变化。这就导致在政策设计之初的最优目标，有可能在执行过程中会变得不是最优目标了。那么，在制定政策时，应考虑到经济系统和环境系统的动态特点。因此，本书选取动态最优控制模型，研究根据政策目标和现实条件决定最优的政策方案，分析给定的政策调整过程对社会、经济、环境的动态影响。动态最优控制是给定目标函数和约束条件，包括在某些时刻必须要达到的状态，选择一条最优时间路径达到最优目标的过程，实际上是离散与连续时间的多阶段决策过程。

4.4　价格决策过程

模型进行价格决策的过程实际上是模拟企业和管理者两方在交互作用下寻找能实现各自收益最优的条件的过程。该过程只发生在模型模拟计算过程中，并非是在实际中管理者和企业会发生这样的博弈过程。

企业追求的目标是收益最大化。在其生产过程中伴随着将污染物排放到环境中的行为，该行为是具有外部性的，而且企业没有自发的动机或意愿去主动承担外部成本，这时，就需要管理者来执行将外部成本内部化的行动。管理者关注的目标是社会的总收益最大。在定价过程中两类参与者——管理者和企业，其各自的利益诉求是不相同的。有管理者和企业参与的动态博弈定价过程可分为三个阶段。

第一阶段，管理者给出一系列针对该地区的排放权初始配额有偿使用的价格信号。

第二阶段，企业针对不同价格信号给出对策。企业在每一个价格下核算自己的收益。企业追求的目标是其收益最大化。相对于企业的初始状态，排放权有偿使用费的出现相当于增加了企业需要支出的成本。在其他条件不变的情况下，成本增加必然会带来利润的减少。如果利润下降在企业的可接受范围内，企业不会采取应对措施；若利润下降超出了企业的可接受范围，那么企业就需要采取措施来避免利润减少。对于企业来说，可以采取的有以下两种对策：调整产品产量，提升污染物处理设施处理能力（增加污染减排投资）。

①调整产品产量。污染物排放较多的企业产出低于清洁企业，这意味清洁企业更倾向于更高的产品产量[137]。企业调整产品产量，可以是提高或减少产量。减少产品产量，相应的污染物产生量会随之下降，最终的污染物排放量也会减少。污染物排放量减少，需要支付的有偿使用成本相应减少。但是也应注意到，产品产量下降后，产品销售收入下降，这种收入下降也会带来企业收益的减少。企业也可以选择提高产量。与此对应，在不改变生产工艺的前提下，伴随的污染物产生量也随之增加。由于提高产品产量带来的污染物产生量增加，而企业持有的排放配额不允许企业增加排放，这时，企业就需要减少污染物排放至允许范围内，或是增加排放配额持有量。

②提升污染物处理设施处理能力。企业追加投入资金在污染物处理的环节，

提升了污染物处理设施的处理能力,生产同样多的产品伴随排放的污染物减少了,与投资前相比,企业有了更多可用的排放配额。这时,企业可以选择提高产品产量,尽可能用完持有的排放配额。

需要说明的是,企业的这几种策略不是互斥的,有可能是混合策略,企业选取何种策略或混合策略都要根据其收益最大化原则。企业的策略选择也与政策情景设置有关,具体的情况将在第 6.1 节详述。此外,在企业的策略集合中,有些假设条件我们都将其简化了。比如说,企业提高产品产量,假设其不需考虑市场需求。企业在了解自己的对策集后,根据其收益最大化原则选取对策。企业的情况千差万别,同一个价格对于不同的企业来说,带来的收益变化也是不同的,企业选取的对策也不一样。

第三阶段,管理者根据收益决定价格。管理者关注的是整个地区的社会净收益最优。将针对管理者给出的配额价格,该地区的每个企业都会有相应的最优收益的对策集。管理者将衡量在这个价格下该地区的社会总收益。管理者会给出不同的配额价格信号,比较每个价格信号下的社会净收益,选择那个最优总收益对应的价格作为最终的配额价格。具体过程如图 4-2 所示。

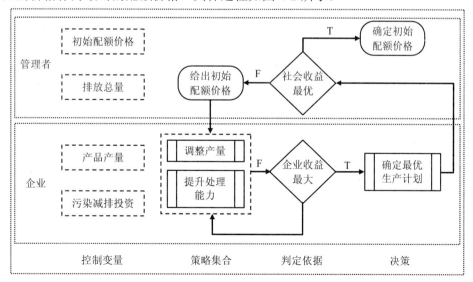

图 4-2　排放权初始配额价格确定过程

4.5 排放权初始配额价格模型

4.5.1 建模问题描述和概化

本书的初始配额有偿使用价格确定问题，可细化描述为五年期的初始配额价格为多少时能使社会净收益最大化的问题，且优化过程的末端时刻固定、末态自由，因此，本书关注的是时变的动态最优化问题。动态最优问题的最优控制构造方法是把注意力集中于一个或多个控制变量，将这些变量作为最优化工具，将控制变量的最优时间路径当作其首要目标。当发现其最优时间路径后，就可以找到其相应的最优状态路径[138]。

基于前面的讨论，将本书动态最优控制问题表述为企业有两个控制变量，一个是状态变量，优化目标为最大化企业收益，政府有偿使用价格；一个是控制变量，目标是最大化社会收益。企业的产品产量 $x^i(t)$ 和污染物减排投资 I^i 是其可控制，管理者选择有偿使用价 $\tau(t)$ 作为其控制变量。企业在博弈过程中，会在给定的未来时间路径下最大化自己的收益。

4.5.2 企业收益函数

有偿使用政策实施后，企业需要支出的成本增加，而成本增加势必会挤占其收益空间，若不采取相应对策，企业收益会较有偿使用政策实施前减少。假设企业是理性人，其追求的目标是收益最大化，那么，企业为了达到该目标，会对可选择的众多措施分别进行成本收益测算，以决定最终采取何种措施。根据 4.4 节的讨论可知，企业可采取的应对策略有两种：调整产品产量，增加污染减排投资，或这两种混合政策。其中，企业调整产量可以增加或减少产量，以相应地调整污染物产生量；调整污染减排投资可以提高污染减排设施运行费用，或追加新的污染减排设施投资，可以调整污染物的排放量[139]①。在已有研究中，污染净收益等于污染收益减去污染成本[141]。因此，在本研究中，企业的收益等于销售总收入扣除生产成本、污染物处理成本、污染物排放成本和可能支出的污染减排追加投资。企业收益函数考虑以下几部分：

收益＝总收入−生产成本−污染物处理成本−污染物排放成本−

污染减排追加投资

下面详细阐述企业收益函数的构建过程。

设有 $n(n=1,2,\cdots,n)$ 家企业生产产品，并且处于市场竞争中，其产品售价为 p^i。在 k 地区 j 行业的企业 i②在 t 时期的产品产量为 $x^i(t)$③，在 $t=0$ 时企业的初始产品产量为 $x^i(0)=x_0^i$。企业的生产成本为 $w^i x^i(t)$，w^i 为成本系数。

在产出产品的同时，企业也产生同质的污染物，污染物产生量为 y^i，是产品产量的函数，即 $y^i[x^i(t)]$[简写为 $y^i(x^i)$]且 $y^{i'}(x)>0$。根据污染物的产生量与产品产量之间的关系式选择一阶线性形式[142]，那么，在 t 时刻，污染物的产生量为

$$y^i(x^i)=cx^i \tag{4-1}$$

其中，c 为污染物产生系数。

企业排放污染物的量为 $g^i[x^i(t), K^i(t)]$[在后面的叙述中，为了简便将该函数写为 $g^i(x^i, K^i)$]，其中 $K^i(t)$ 为污染物处理投资现值④。假设 $g_1^i(x^i,K^i)>0$，$g_{11}^i(x^i,K^i)>0$，$g_{22}^i(x^i,K^i)>0$，并且 $g_2^i(x^i,K^i)<0$，$g_{12}^i(x^i,K^i)\leqslant0$（$g_1^i(x^i,K^i)$ 表示对 x^i 变量求偏导数，$g_2^i(x^i,K^i)$ 表示对 K^i 变量求偏导数。因此，污染物排放量以

---

① 实际上环境政策确实能促进技术进步[140]，企业在增加污染减排投资时可能采用新的生产工艺或是污染减排技术，但由于数据限制，在此模型中将其简化。

② 模型中的数据涉及企业、行业、地区三个维度，在单一变量中不便标示，因此，仅标示出企业维度（用 i 表示），其他的数据维度将在变量表 4-1 中标出。

③ 在最优控制理论中，$x^i(t)$ 表示 x^i 是一个随着时间变化而变化的量，是时变变量，并不是时间的因变量。在模型的表述过程中，仅在新变量第一次出现的时候标明其是不是时变变量，后面都会将其简写成不带 t 的形式，如将 $x^i(t)$ 简写成 x^i。

④ 在 $t=0$ 时刻，$K^i(t)$ 的初始值为污染处理设施的运行费用。

一定的增率随着 x^i 的增加而增加，随着 K^i 的增加而减少。假设污染减排资本仅影响给定投入或产出下的污染物排放量，并不影响生产过程。根据具体函数形式[143]为

$$g^i(x^i, K^i) = ax^{i2} + bx^iK^i + C \qquad (4-2)$$

$$g_1^i(x^i, K^i) = 2ax^i \qquad (4-3)$$

$$g_2^i(x^i, K^i) = bx^iK^i \qquad (4-4)$$

为了方便后面推导过程的表述，令企业为污染排放所支付的成本为 $Mg^i(x^i, K^i)$，其中包括用于购买排放权的支出 $\tau g^i(t)$，企业在时间 t 用于排污收费的支出为 $rg^i(t)$。M 根据不同的政策情景表示排污收费价格 r，排放权有偿使用的价格 τ，或是这两种价格的组合。根据不同的政策情景，所支付的成本项也不同。以上这三种价格根据地区不同而不同。其中，排污收费价格和有偿使用价格是不随时间变化而变化的，即非时变的。

管理者向每个企业发放了排污许可证，规定了该企业拥有的污染物排放配额，那么该地区总的可用的污染物排放配额为 $\gamma(t)$，$\sum_i g^i(x^i, K^i) \leqslant \gamma(t)$。

在 t 时期内，企业 i 的污染控制投资为 $I^i(t)$，这里可以将 $I^i(t)$ 视为污染减排投资的增加量，而前面提到过 $K^i(t)$ 为污染物减排设施的运行费用视为投资现值，有

$$K^i(t) = \int_0^T I^i(t)\mathrm{d}t \qquad (4-5)$$

假设污染减排资本仅影响给定投入或产出下的污染物排放量，并不影响生产过程。

企业 i 在增加投资策略下的瞬时收益为

$$\pi^i(t) = p^ix^i - w^ix^i - Mg^i(x^i, K^i) - I^i \qquad (4-6)$$

在前面的讨论中，我们知道企业有三种对策用来减少由于支付有偿使用费用而带来的收益减少：调整产品产量，增加污染减排投资，或购买排放配额。在式（4-6）中，调整产品产量反应在 x^i，购买排放配额支付的成本反应在 $Mg^i(x^i, K^i)$，

增加污染减排投资反映在 I^i 一项。企业是否购买排放配额，一是与企业选择采取的对策有关，二是与是否有排污交易的政策情景设置有关，后面会详细讨论。

对于一段从 0 至 T 的时间，该段时间内的折现率为 ρ（$\rho \geq 0$）。假设本折旧不会影响结果。对于一个给定的时间路径，企业收益为

$$\Pi^i = \int_0^T \{e^{-\rho t}[p^i x^i - w^i x^i - Mg^i(x^i, K^i) - I^i]\} dt \tag{4-7}$$

$$(i = 1, \cdots, n)$$

$$St. \ x^i(t), \ I^i(t) \geq 0$$

根据最优控制原理，选择产品产量 $x^i(t)$ 和污染物治理减排投资 I^i 为企业的控制变量，企业的状态变量为污染物减排设施运行费用 K^i。

企业收益的汉密尔顿函数为

$$H^i = e^{-\rho t}[p^i x^i - w^i x^i - Mg^i(x^i, K^i) - I^i] + \lambda I^i \tag{4-8}$$

$$H^i = e^{-\rho t}[p^i x^i - w^i x^i + \Delta_1 x^{i2} + \Delta_2 x^i K^i - MC - I^i] + \lambda I^i \tag{4-9}$$

其中

$$\Delta_1 = -Ma \tag{4-10}$$

$$\Delta_2 = -Mb \tag{4-11}$$

当模型中仅有有偿使用政策的情形，企业排放污染物需支付的成本为：$M_1 = \tau$。

企业 i 的收益为

$$\Pi = \int_0^T \{e^{-\rho t}[p^i x^i - w^i x^i - \tau g^i(x^i, K^i) - I^i]\} dt \tag{4-12}$$

汉密尔顿函数为

$$H^i = e^{-\rho t}[p^i x^i - w^i x^i - \tau g^i(x^i, K^i) - I^i] + \lambda I^i \tag{4-13}$$

$$H^i = e^{-\rho t}\{p^i x^i - w^i x^i - \tau(ax^{i2} - bx^i K^i) - \tau C - I^i\} + \lambda I^i \tag{4-14}$$

$$H^i = e^{-\rho t}[p^i x^i - w^i x^i + \Delta_1 x^{i2} + \Delta_2 x^i K^i - \tau C - I^i] + \lambda I^i \tag{4-15}$$

其中

$$\Delta_1 = -\tau a \tag{4-16}$$

$$\Delta_2 = -\tau b \tag{4-17}$$

4.5.3 社会总收益函数

现有研究中将社会净收益（social net benefit）定义为排放带来的收益减去排放造成的损害[141]。社会总收益函数模型中考虑几部分：

社会总收益＝社会总收入－总的生产成本－减排投资－污染损害

在完全市场竞争条件下，社会收益可以表示为企业折现利润的总和减去污染损害。从交易或是税收中得到的收入不计入，因为这部分是在企业之间或企业和政府间转移。

每段时间内的社会排放成本函数为 $D\left(\sum_i g^i(x^i,K^i)\right)$。首先考虑污染物对环境造成的损害是线性的：$D\left(\sum_i g^i(x^i,K^i)\right)=\delta\sum_i g^i(x^i,K^i)$，其中 δ 为边际排放损害系数。

社会的瞬时收益为：

$$w\left(x^i,K^i\right)=\sum_i\left[p^i x^i-w^i x^i-I^i\right]-\delta\sum_i g^i(x^i,K^i) \tag{4-18}$$

对于一段从 0 至 T 的时间，社会总收益为：

$$W=\int_0^T e^{-\rho t}\left\{\sum_i\left[p^i x^i-w^i x^i-I^i\right]-\delta\sum_i g^i(x^i,K^i)\right\}\mathrm{d}t \tag{4-19}$$

社会总收益的汉密尔顿函数为：

$$H^w=e^{-\rho t}\{p^i x^i-w^i x^i-I^i-\delta g^i(x^i,K^i)\}+\mu I^i \tag{4-20}$$

$$H^w=e^{-\rho t}[p^i x^i-w^i x^i+\Delta_3 x^{i2}+\Delta_4 x^i K^i-MC-I^i]+\mu I^i \tag{4-21}$$

其中

$$\Delta_3=-\delta a \tag{4-22}$$

$$\Delta_4=-\delta b \tag{4-23}$$

4.6　多污染物初始配额价格模型扩展

由于企业类型不同,有的企业生产一种产品时会同时产生 COD 和 NH_3-N 两种污染物,另一些仅产生单一污染物。对于同时产生两种污染物的产品,假如企业调整该产品产量,两种污染物的产生量都会发生变化。如果企业用调整产品产量这种方式对一种污染物进行控制,另一种伴生的污染物也会受到相应的影响,即对污染物的控制有协同效应[144]。在现有研究中,COD 和 NH_3-N 无论采用哪种计算方法,都是单独计算两种污染物的价格,并未考虑其污染物的协同控制效应;在本研究中,将 COD 和 NH_3-N 的有偿使用价格设置为两个独立变量,将其同时纳入企业的污染物排放成本部分。

在排放权有偿使用政策设计中,针对 COD 和 NH_3-N 两种水污染物分别收取有偿使用费,因此,模型中考虑了这两种污染物。在后面的叙述中,我们用下标来区分 COD 和 NH_3-N 这两种污染物,例如用 $g_C^i(x^i, K^i)$ 表示某个企业的 COD 排放速率,$g_N^i(x^i, K^i)$ 表示某企业的 NH_3-N 排放速率。

污染物的产生量与产品产量之间的关系式选择一阶线性形式[142],那么,在 t 时刻,污染物 COD 和 NH_3-N 的产生速率分别为

$$y_C^i(x^i) = c_C^i x^i(t) \tag{4-24}$$

$$y_N^i(x^i) = c_N^i x^i(t) \tag{4-25}$$

污染物总产生速率为

$$y^i(x^i) = y_C^i(x^i) + y_N^i(x^i) = c_C^i x^i(t) + c_N^i x^i(t) \tag{4-26}$$

4.6.1　污染物费用分摊

在现实中,因为很难单独核算每种污染物的处理费用,所以企业统计的污染物处理设施的运行费用 K 是总的运行费用,包含针对多个污染物的处理费用。在现行的排放权有偿使用政策中,针对两种水环境污染物 COD 和 NH_3-N 收取有

偿使用费用，在本研究中，主要考虑这两种水污染物。在模型中，仍需要知道针对每种污染物的处理费用，因此，采用成本分摊[7]的方法分离出针对每种污染物的处理费用。COD 和 NH_3-N 的污染物处理费用函数分别为

$$K_C^i(t) = \eta_C^i K^i(t) \tag{4-27}$$

$$K_N^i(t) = \eta_N^i K^i(t) \tag{4-28}$$

其中 η_C^i，η_N^i 分别为 COD 和 NH_3-N 处理成本分摊系数，则污染物总处理成本为

$$K^i(t) = K_C^i(t) + K_N^i(t) = \eta_C^i K^i(t) + \eta_N^i K^i(t) \tag{4-29}$$

根据假设，污染物排放速率函数为[143]：

$$g_C^i(x^i, K^i) = a_C x^{i2} + b_C x^i \eta_C^i K^i \tag{4-30}$$

$$g_N^i(x^i, K^i) = a_N x^{i2} + b_N x^i \eta_N^i K^i \tag{4-31}$$

$$g^i(x^i, K^i) = g_C^i(x^i, K^i) + g_N^i(x^i, K^i) = \left(a_C x^{i2} + b_C x^i \eta_C^i K^i\right) + \left(a_N x^{i2} + b_N x^i \eta_N^i K^i\right) \tag{4-32}$$

4.6.2 初始配额价格模型

根据式（4-12）可知企业 i 的收益为

$$\Pi = \int_0^T \left\{ e^{-\rho t} \left[p^i x^i - w^i x^i - \tau_C g_C^i(x^i, K^i) - \tau_N g_N^i(x^i, K^i) - I^i \right] \right\} dt \tag{4-33}$$

汉密尔顿函数为

$$H^i = e^{-\rho t} [p^i x^i - w^i x^i - \tau_C g_C^i(x^i, K^i) - \tau_N g_N^i(x^i, K^i) - I^i] + \lambda I^i \tag{4-34}$$

为了方便讨论，将上式写为

$$H^i = e^{-\rho t} [p^i x^i - w^i x^i + \Delta_1 x^{i2} + \Delta_2 x^i K^i - MC - I^i] + \lambda I^i \tag{4-35}$$

其中

$$\Delta_1 = -\tau_C a_C - \tau_N a_N \tag{4-36}$$

$$\Delta_2 = -\tau_C b_C \eta_C^i - \tau_N b_N \eta_N^i \tag{4-37}$$

无约束最优解条件

$$\frac{\partial H^i}{\partial x} = \mathrm{e}^{-\rho t}\left(p^i - w^i + 2\Delta_1 x^i + \Delta_2 x^i K^i\right) = 0 \tag{4-38}$$

$$\frac{\partial H^i}{\partial I} = -\mathrm{e}^{-\rho t} + \lambda = 0 \tag{4-39}$$

$$\dot{\lambda} = -\frac{\partial H^i}{\partial K^i} = -\mathrm{e}^{-\rho t}\cdot\Delta_2 x^i \tag{4-40}$$

$$\lambda\left(tf\right) = 0 \tag{4-41}$$

4.6.3　模型变量及系数说明

模型中的变量及系数说明如表 4-1 所示。

表 4-1　变量及系数说明表

编号	变量/系数	说明	单位	数据级别
1	$x^i(t)$	产品产量	t	企业[①]
2	x_0^i	产品产量初始值	t	企业
3	x_m^i	产品产量最大值	t	企业
4	p^i	销售价格	万元	企业
5	w^i	生产成本	万元	企业
6	$y^i(t)$	污染物产生速率	t/a	企业
7	$y_C^i(t)$	COD 产生速率	t/a	企业
8	$y_N^i(t)$	NH$_3$-N 产生速率	t/a	企业
9	c_C	COD 产生系数	—	企业
10	c_N	NH$_3$-N 产生系数	—	企业
11	$g^i[x^i(t), K^i(t)]$	污染物排放速率	t/a	企业
12	$g_C^i[x^i(t), K^i(t)]$	COD 排放速率	t/a	企业
13	$g_N^i[x^i(t), K^i(t)]$	NH$_3$-N 排放速率	t/a	企业

编号	变量/系数	说明	单位	数据级别
14	g_C^i （0）	COD 初始排放量	t	企业
15	g_N^i （0）	NH$_3$-N 初始排放量	t	企业
16	K^i	污染处理设施运行成本	万元	企业
17	$K_C^i(t)$	分摊后的 COD 处理成本	万元	企业
18	$K_N^i(t)$	分摊后的 NH$_3$-N 处理成本	万元	企业
19	η_C	COD 处理成本分摊系数	—	企业
20	η_N	NH$_3$-N 处理成本分摊系数	—	企业
21	a_C	COD 排放系数	—	行业②
22	b_C	COD 排放系数	—	行业
23	c_C	COD 排放常数	—	行业
24	a_N	NH$_3$-N 排放系数	—	行业
25	b_N	NH$_3$-N 排放系数	—	行业
26	c_N	NH$_3$-N 排放常数	—	行业
27	γ_C（t）	允许地区排放的 COD 总量	t	地区
28	γ_N（t）	允许地区排放的 NH$_3$-N 总量	t	地区③
29	τ_C	COD 有偿使用价格	万元/t	地区
30	τ_N	NH$_3$-N 有偿使用价格	万元/t	地区
31	r_C	COD 排污收费	万元/t	地区
32	r_N	NH$_3$-N 排污收费	万元/t	地区
33	$I^i(t)$	污染控制投资	万元	企业
34	I_m^i	污染控制投资最大值	万元	企业
35	MC_C	COD 边际处理成本	万元/t	行业
36	MC_N	NH$_3$-N 边际处理成本	万元/t	行业
37	$e^{-\rho t}$	贴现因子	—	全国
38	ρ	贴现率④	—	全国
39	π^i（t）	企业 i 的瞬时收益	万元	企业
40	Π^i	企业 i 在[0，T]时段总收益	万元	企业

编号	变量/系数	说明	单位	数据级别
41	H^i	企业 i 收益的汉密尔顿函数	—	企业
42	λ	协态变量	—	企业
43	$w^i(t)$	社会瞬时收益	万元	地区
44	W^i	社会在[0, T]时段总收益	万元	地区
45	δ_C	COD 环境损害系数	万元/t	地区
46	δ_N	NH$_3$-N 环境损害系数	万元/t	地区
47	H^w	社会总收益的汉密尔顿函数	—	地区
48	μ	协态变量	—	地区
49	ϑ	协态变量	—	企业

注：① 每个企业都有各自的数据。

② 同一行业使用相同的数据。

③ 同一行政区使用相同的数据。

④ 贴现率取金融机构人民币贷款五年期基准利率（2015.06.28）：5.25%（年利率），5.25‰（月利率）。来源：http://www.pbc.gov.cn/publish/zhengcehuobisi/629/2015/20150706092031544228990/20150706092031544228990.html。

4.7　最优化实现算法

第 4.5 和 4.6 两节着重介绍了排放权初始配额有偿使用价格模型的建立，以及根据现实需要将理论模型细化为适用两种污染物的模型。在理论模型中，我们给出了基于最大值原理的解析解。根据式（4-44）可知，x^i 的值由 I 决定。I 的表达式是非线性的，因此 x^i 也是没有解析解的。这就使得最大值原理求解变得不再适用，即无法利用最大值原理求出使目标函数最优的解析解。无法得到解析解，我们仍有解决现实问题的希望能解决现实需求，那么，这时就需要借助一定的工具和算法来实现其数值解。

模型中描述的企业产品产量可提高，但企业的产量提升不能超过其生产设施能力提升上限；同理，企业在增加的污染减排投资额也一样，所以企业收益函数

的控制变量 I^i 受到实际约束的。但在现实中，生产函数 x^i 有一些必须遵循的约束条件，这就使得在 x^i 有约束的情况下欧拉方程就不适用解极值问题了。极大值原理是最优控制理论中得到最优值时的一阶必要条件，用来解决有约束泛极值问题。

4.7.1 基于最小值原理的最优解

（1）企业收益函数解

无约束最优解条件为

$$\frac{\partial H^i}{\partial x} = e^{-\rho t}\left(p^i - w^i + 2\Delta_1 x^i + \Delta_2 K^i\right) = 0 \tag{4-42}$$

$$\frac{\partial H^i}{\partial I} = -e^{-\rho t} + \lambda = 0 \tag{4-43}$$

$$\dot{\lambda} = -\frac{\partial H^i}{\partial K^i} = -e^{-\rho t} \cdot \Delta_2 x^i \tag{4-44}$$

$$\lambda\left(tf\right) = 0$$

（2）社会总收益函数解

无约束最优解条件为

$$\frac{\partial H^w}{\partial x} = e^{-\rho t}\left(p^i - w^i + 2\Delta_3 x^i + \Delta_4 K^i\right) = 0 \tag{4-45}$$

$$\frac{\partial H^w}{\partial I} = -e^{-\rho t} + \mu = 0 \tag{4-46}$$

$$\dot{\mu} = -\frac{\partial H^w}{\partial K^i} = -e^{-\rho t} \cdot \Delta_3 x^i \tag{4-47}$$

$$\mu\left(tf\right) = 0 \tag{4-48}$$

4.7.2 模型数值解

（1）企业收益

针对第 4 章建立的模型，下面讨论其在有约束条件下的最优解。

企业 i 的收益为

$$\Pi = \int_0^T \{e^{-\rho t}[p^i x^i - w^i x^i - Mfg^i(x^i, K^i) - I^i]\}dt \tag{4-49}$$

约束条件为

$$0 \leqslant x^i \leqslant x_m^i, \quad 0 \leqslant I^i \leqslant I_m^i$$

企业的汉密尔顿函数为

$$H^i = e^{-\rho t}[p^i x^i - w^i x^i - Mg^i(x^i, K^i) - I^i] + \lambda I^i \tag{4-50}$$

$$H^i = e^{-\rho t}\{p^i x^i - w^i x^i - M(ax^{i2} - bx^i K^i) - MC - I^i\} + \lambda I^i \tag{4-51}$$

$$H^i = e^{-\rho t}[p^i x^i - w^i x^i + \Delta_1 x^{i2} + \Delta_2 x^i K^i - MC - I^i] + \lambda I^i \tag{4-52}$$

其中，企业的污染物排放成本 $M = \tau$

$$\Delta_1 = -\tau a \tag{4-53}$$

$$\Delta_2 = -\tau b \tag{4-54}$$

因为在有约束条件下最大值原理不再适用，将式（4-52）配平

$$H^i = e^{-\rho t}\left[\Delta_1\left(x^i + \frac{p^i - w^i + \Delta_2 K^i}{2\Delta_1}\right)^2 - \frac{(p^i - w^i + \Delta_2 K^i)^2}{4\Delta_1} - MC - I^i\right] + \lambda I^i$$

$$\tag{4-55}$$

要使 H^i 取极大值，则有

当 $\Delta_1 > 0$ 时，且因 $p^i > w^i$，所以当 $\Delta_2 K^i > 0$ 时，有 $p^i - w^i + \Delta_2 K^i > 0$

$$x^i = x_m^i \tag{4-56}$$

当 $\Delta_1 < 0$ 时，且 $p^i > w^i$

$$x^i = \frac{p^i - w^i + \Delta_2 K^i}{2\Delta_1} \tag{4-57}$$

当 $\lambda > 0$ 时，$I^i = I^i_m$

当 $\lambda < 0$，$I^i = 0$，$x^i = 0$

根据 $K^i(0) = K^i_0$，$\dot{K}^i = I^i$

$$\dot{\lambda} = -e^{-\rho t} \cdot \Delta_2 x^i \tag{4-58}$$

$$\lambda(tf) = 0 \tag{4-59}$$

从上面的解的形式可以看出，H^i 的极值要对 Δ_1 的值做出判断，而根据式（4-53）至式（4-57）可知，Δ_1 的表达式中都含有 τ 值，而 τ 值是由管理者确定的。

将两种污染物的 τ 值分开写，有约束最优解约束条件

$$0 \leq x^i \leq x^i_m, \quad 0 \leq I^i \leq I^i_m$$

则有

$$H^i = e^{-\rho t}\left[\Delta_1\left(x^i + \frac{p^i - w^i + \Delta_2 K^i}{2\Delta_1}\right)^2 - \frac{(p^i - w^i + \Delta_2 K^i)^2}{4\Delta_1} - MC - I^i\right] + \lambda I^i \tag{4-60}$$

要使 H^i 取极大值

当 $\Delta_1 > 0$ 时，且因 $p^i > w^i$，所以当 $\Delta_2 K^i > 0$ 时，有 $p^i - w^i + \Delta_2 K^i > 0$

$$x^i = x^i_m \tag{4-61}$$

当 $\Delta_1 < 0$ 时，且 $p^i > w^i$

$$x^i = \frac{p^i - w^i + \Delta_2 K^i}{2\Delta_1} \tag{4-62}$$

当 $\lambda > 0$ 时，$I^i = I^i_m$

当 $\lambda < 0$，$I^i = 0$，$x^i = 0$

根据 $K^i(0) = K^i_0$，$\dot{K}^i = I^i$

$$\dot{\lambda} = -e^{-\rho t} \cdot \Delta_2 x^i \tag{4-63}$$

$$\lambda(tf) = 0 \tag{4-64}$$

企业目标函数最大化实际上就是求企业收益最大化的过程。企业有两个控制变量，产品产量 x^i 和污染减排投资 I^i，而有偿使用价格 τ_C 和 τ_N 是管理者的控制变量。假设管理者已经给定了有偿使用价格 τ_C 和 τ_N，那么企业收益实际上是由其污染物排放函数式（4-2）决定的。污染物排放函数确定，企业收益的最优值即确定，这实际是泛函数求极值问题。

在泛函数分类里，上述模型的（初始时间－初始状态）和（终结时间－终结状态）都是已知，因此该模型属于固定端点问题。式（4-57）给出了最优解形式，极大值要对 τ 值做判断，但这时 τ_C 和 τ_N 都是未知的。

（2）社会总收益

从上面的解的形式可以看出，H^w 的极值要对 Δ_3 的值做出判断，

社会总收益为

$$W = \int_0^T \mathrm{e}^{-\rho t}\left\{\sum_i\left[p^i x^i - w^i x^i - I^i\right] - \delta \sum_i g^i(x^i, K^i)\right\}\mathrm{d}t \qquad (4\text{-}65)$$

社会总收益的汉密尔顿函数为：

$$H^w = \mathrm{e}^{-\rho t}[p^i x^i - w^i x^i - I^i - \delta g^i(x^i, K^i)] + \mu I^i \qquad (4\text{-}66)$$

$$H^w = \mathrm{e}^{-\rho t}(p^i x^i - w^i x^i + \Delta_3 x^{i2} + \Delta_4 x^i K^i - MC - I^i) + \mu I^i \qquad (4\text{-}67)$$

其中

$$\Delta_3 = -\delta a \qquad (4\text{-}68)$$

$$\Delta_4 = -\delta b \qquad (4\text{-}69)$$

约束条件

$$0 \leqslant x^i \leqslant x_m^i, \quad 0 \leqslant I^i \leqslant I_m^i$$

将式（4-67）整理成如下形式

$$H^w = \mathrm{e}^{-\rho t}\left[\Delta_3\left(x^i + \frac{p^i - w^i + \Delta_4 K^i}{2\Delta_3}\right)^2 - \frac{(p^i - w^i + \Delta_4 K^i)^2}{4\Delta_3} - MC - I^i\right] + \mu I^i$$

$$(4\text{-}70)$$

要使 H^w 取极大值，则有

当 $\Delta_3>0$ 时，且因 $p^i>w^i$，所以当 $\Delta_4 K^i>0$ 时，有 $p^i-w^i+\Delta_4 K^i>0$

$$x^i = x_m^i \tag{4-71}$$

当 $\Delta_3<0$ 时，

$$x^i = \frac{p^i - w^i + \Delta_4 K^i}{2\Delta_3} \tag{4-72}$$

当 $\mu>0$ 时，$I^i = I_m^i$

当 $\mu<0$，$I^i=0$，$x^i=0$

根据 $K^i(0) = K_0^i$，$\dot{K}^i = I^i$

$$\dot{\lambda} = -\mathrm{e}^{-\rho t} \cdot \Delta_4 x^i \tag{4-73}$$

$$\mu(tf) = 0 \tag{4-74}$$

对于社会总收益 H^w 来说，Δ_3 和 Δ_4 已是确定的值（Δ_3 和 Δ_4 的值是由 δ 决定的，而 δ 是定值），x^i 和 I^i 是由企业决定的，对于一组给定的有偿使用价格 τ_C 和 τ_N，H^w 会有一个确定的唯一值。对于管理者来说，社会总收益最优化问题是讨论在什么样的有偿使用价格 τ_C 和 τ_N 组合下，会有最大的 H^w 值出现。

根据上面的讨论，我们实际要解决两个最优化的问题：

①针对每组给定的 τ_C 和 τ_N，求出能让企业收益最大化的污染物排放函数 $g^i(x^i, K^i)$，进而确定产品产量 x^i 和污染物减排投资 I^i；

②什么样的有偿使用价格组合 τ_C 和 τ_N 能让社会总收益 H^w 实现最大化。

4.7.3 算法流程

经过前面的讨论，最终需要知道的答案是在什么样的 COD 和 NH_3-N（即 τ_C 和 τ_N）有偿使用价格组合下能实现社会总收益最大化。为了解决本研究中的两个优化问题，采用 BFGS（Broyden-Fletcher-Goldfarb-Shanno）-PSO（particle swarm optimization）两层嵌套优化算法。

如图 4-3 所示，两层嵌套优化包括底层优化和上层优化。底层优化输入有偿使用价格 τ_C 和 τ_N，通过最优化污染物排放函数，求出能实现企业收益最大化的产品产量 x^i 和污染物减排投资 I^i。上层优化根据底层优化结果来找出能使得社会总收益实现最大的有偿使用价格组合 τ_C 和 τ_N。

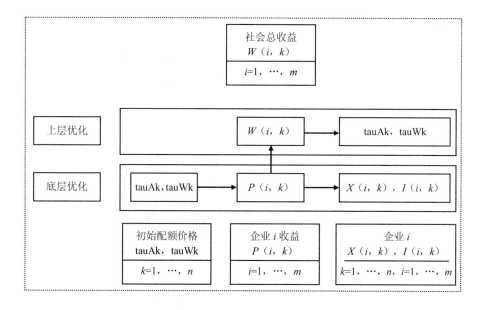

图 4-3 两层嵌套优化算法

（1）底层优化

该模型描述的问题属于非线性两点边值问题，根据式（4-55）的最优解条件可知，当 $\lambda > 0$ 时，$I^i = I^i_m$；当 $\lambda < 0$ 时，$I^i = 0$，$x^i = 0$。λ^i 决定了 I^i 的值。然后看其跟实际值的差异有多大。

底层优化要解决的是在给定的 τ_C 和 τ_N 值下确定能实现企业收益函数最大化的生产函数 x^i。在企业收益函数中，涉及 x^i 和 I^i 两个变量，无法通过解最优函数同时找出这两个变量的对应值。那么，我们换一种思路：先找出一个变量的值，该变量值确定后再解出能使得企业收益函数最大化的另一个变量的值。

根据 λ_i 的表达式（4-44）可知，要想解出 x^i 需要知道 λ^i。但是 λ^i 是未知的，根据式（4-44），仅知道 I^i 的末态值 $I_i(tf)$ 为零。我们还知道 K^i 的初始值 $K^i(0)=K^i_0$。如果能知道 K^i 的末态值 $K^i(tf)$，那么根据

$$K^i(t)=\int_0^T I^i(t)\mathrm{d}t \qquad (4\text{-}75)$$

便可推知 I^i。这样，一个变量 I^i 的值确定后，即可解出能使得企业收益函数最大化的 x^i 的值。

为了找出 I^i 的过程如下：对于 K^i，我们仅知道其初始值 $K^i(0)=K^i_0$，那么可以用逆时间积分的方法去找末态值 $K^i(tf)$。先假设一个 $K^i(t)$ 值，根据式

$$\dot{\lambda}=-\frac{\partial H^i}{\partial K^i}=-\mathrm{e}^{-\rho t}\cdot\Delta_2 x^i \qquad (4\text{-}76)$$

可推知 $\Delta\lambda^i(t)$，进而推出 $\lambda^i(t-1)$。又因为有

$$\frac{\partial H^i}{\partial I}=-\mathrm{e}^{-\rho t}+\lambda=0 \qquad (4\text{-}77)$$

可推出 $I^i(t-1)$。又因有式（4-5）可推出

$$K^i(t-1)=\left[K^i(t)-I^i(t-1)\right]\mathrm{d}t \qquad (4\text{-}78)$$

层层递推，有

$$\Delta\lambda^i(t-1)\Rightarrow\lambda^i(t-2)\Rightarrow I^i(t-2)\Rightarrow K^i(t-2)\cdots\Rightarrow K^i(0) \qquad (4\text{-}79)$$

构造一个函数，给定个 $K^{i'}$，使其为自变量①，这个给定的 $K^{i'}$ 与其真实值 K^i_0 的差为因变量，有

$$f\left(K^i\right)=\left(K^i-K^i_0\right)^2 \qquad (4\text{-}80)$$

---

① 式（4-79）中的 $K^i(0)$ 即为该给定值。

猜测值 $K^{i'}$ 和真实值 K_0^i 的差值越小，说明这个猜测值越接近真实值，因此需要求该函数的最小值。最小值为零时，说明找到了真实值。

现在就需要算法来找到式（4-78）的最值。该函数实际上是一个无约束最值问题。线搜索（line search）是求解无约束最值的常用迭代方法之一。其大体思路是首先求得一个下降方向，待求最值的函数在这个方向上函数值会下降，然后求得该函数在此方向上下降的步长。求下降方向的方法也有很多，如梯度法、共轭梯度法、爬山法、牛顿法、伪牛顿变体等；而步长可以是固定值，也可以通过诸如回溯线搜索来求得。

效率最高的一种搜索方法是 BFGS 法，由 Broyden，Fletcher，Goldfarb 和 Shanno 共同提出。BFGS 是一种准牛顿算法①（Quasi Newton algorithm），该方法求解目标函数的二阶导数，准牛顿算法通过近似二阶导数，将两个变量转化成 Hessian 矩阵[145]。其算法步骤如下：

①应选择初始点 x_k 和初始矩阵 B_k，其中 $x_k \in R^m$，$B_k \in R^{m \times n}$（初始矩阵要求对称且正定），此时令 $k=1$，计算梯度 $\nabla f(x_k)$。

②判断梯度值，如果 $\nabla f(x_k)=0$，则算法终止；否则，转入③。

③令 $d_k = -B_k^{-1}\nabla f(x_k)$，对函数 $f(x_k)$ 在点 x_k 处沿着方向 d_k 进行线性搜索获得步长 a_k，然后令 $x_{k+1} = x_k + \alpha_k d_k$，计算当 $k=k+1$ 时的梯度 $\nabla f(x_{k+1})$。

④根据式（4-66）计算当 $k=k+1$ 时的矩阵 B_{k+1}

$$B_{k+1} = B_k - \frac{B_k s_k s_k^T B_k}{s_k^T B_k s_k} + \frac{y_k y_k^T}{y_k^t s_k} \tag{4-81}$$

其中 $s_k = x_{k+1} - x_k$，$y_k = \nabla f(x_{k+1}) - \nabla f(x_k)$。

⑤令 $k=k+1$，转向①。

利用 BFGS 算法，以定义的 $f(K^i)$，找到 I^i 的值，解出产品产量 x^i。

---

① 所谓的"准"是指牛顿算法会使用 Hessian 矩阵来进行优化，但是直接计算 Hessian 矩阵比较麻烦，所以很多算法会使用近似的 Hessian，这些算法就称作准牛顿算法（Quasi Newton Algorithm）。

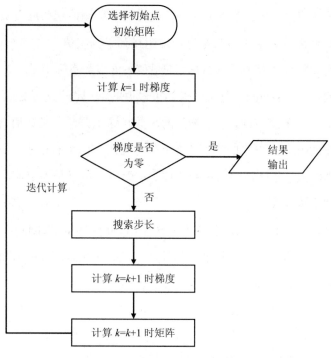

图 4-4   BFGS 算法流程图[146]

（2）上层优化

上层优化要解决的问题是什么样的有偿使用价格组合 τ_C 和 τ_N 能让社会总收益 H^w 实现最大化。回顾一下，在底层优化时，有偿使用价格 τ_C 和 τ_N 在给定的生产时间范围内，端点固定、时间固定，这是泛函数求极值的问题。

因为其是系统非线性的 K^i 两点边值问题，无法求得解析解，只能通过数值解法求得的最优解。这个数值解集，既不连续也不可导，跟最初的泛函数形式比起来，数值法求得的解集合已经是非泛函数了。可借助智能优化算法求解能使社会总收益 W 达到最优得有偿使用价格 τ_C、τ_N 组合。

智能算法适合求解非连续不可导问题，具体方法有遗传算法、粒子群算法、人工神经网络算法、模拟退火算法等。本研究中采用粒子群算法。粒子群优化算法（particle swarm optimization，PSO）是模拟生物界的遗传变异来求解实际问题和处理信息的一种优化算法[147]。PSO 算法初始化一个随机粒子群，通过不断学习经验来寻找最优解[147]。粒子学习经验包括两部分，一部分是根据个体经验的学习，另一部分是向社会经验的学习。粒子位置更新是个体经验的学习加上对社会经验的学习[148, 149]。

根据粒子学习过程的速度及位置表达式[150]，设粒子运动空间为 M 维，粒子群的粒子数为 N，第 i 个粒子的位置为 x_{id}^{t}

$$x_{id}^{t+1} = x_{id}^{t} + v_{id}^{t+1} \tag{4-82}$$

式中，　x_{id}^{t}——粒子当前位置，$i = 1, 2, \cdots, n$；

$\qquad x_{id}^{t+1}$——位置更新；

$\qquad v_{id}^{t+1}$——速度更新。

粒子的每次学习都通过两个极值来更新自己的位置。一个极值是粒子自己找到的最优解，称为个体极值（pBest）；另一个极值是整个种群的最优解，称为全局极值（gBest）。粒子速度更新公式如式（4-83）所示

$$v_{id}^{t+1} = \omega v_{id}^{t} + c_1 r_1 \left(P_{id}^{t} - x_{id}^{t} \right) + c_2 r_2 \left(P_{gd}^{i} - x_{id}^{t} \right) \tag{4-83}$$

式中，　v_{id}^{t}——当前速度，$V_i \in \left[-V_{\max}, V_{\max} \right]$；

$\qquad P_{id}^{t}$——个体最优位置；

$\qquad P_{gd}^{i}$——种群历史最优位置；

$\qquad c_1$、c_2——加速因子；

$\qquad r_1$、r_2—— $[0, 1]$ 之间的随机数；

$\qquad \omega$——惯性权重系数。

粒子通过不断的学习，渐渐逼近终止条件，达到终止条件时，认为粒子找到了最优解。粒子群算法流程如图 4-5 所示。

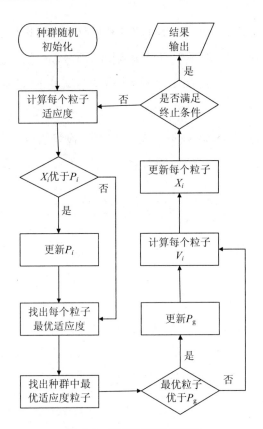

图 4-5　粒子群算法流程图

①种群随机初始化每个粒子的位置和速度；

②计算种群中每个粒子的适应度（fitness value）；

③找出每个粒子的最优适应度；

④找出种群中最优适应度的粒子；

⑤满足终止条件则算法终止，否则转向步骤②。

在本研究中，建立一个二维平面，（τ_C，τ_N）表示粒子的位置坐标，即横坐标τ_C，纵坐标τ_N。用适应度来描述社会总收益，适应度越高越好。搜索区域即为（τ_C，τ_N）值限制的方形约束（box constring）区域。因为不知道理论最优值，所以需要设定迭代终止时条件：终止条件有很多种，如给定迭代次数或种群连续多少代都不更新，此时终止。在适用粒子群算法时，很快就会找到满意解，但却无法保证是数学上的全局最优解。

4.7.4　参数设置

BFGS-PSO 两层嵌套优化算法参数设置见表 4-2。

表 4-2　BFGS-PSO 两层嵌套算法参数设置

底层优化	
估值次数	100 次
估值精度	10^{-6}
上层优化	
粒子群参数	$c_1=2$，$c_2=2$
粒子种群规模	30
粒子活动平面	$\tau_C \in (0,5)$，$\tau_N \in (0,5)$
终止准则	到达最大迭代次数
迭代次数	500

注：经多次试验后，进化曲线收敛，所以选定 500 代。

4.8　政策的动态一致性

排放权有偿使用政策设计中规定，初始配额以 5 年为有效期，其中涉及一个细节，就是有偿使用费的收取方式。一种方式是 5 年有偿使用费一次性收取，另一种是分年收取。这两种方式除了对企业的资金压力有区别外，是否还有其他区别？

政策在被设计时其目标都是追求最优或次优，但在政策执行过程中，这种最优或次优的设计未必能实现，因为公众对未来政策的预期可能会导致动态一致性的问题。政策的动态一致性（dynamic consistency）是指一个政策，不仅在其制定阶段是最优的，而且在其制定后的执行阶段也应该是最优的。如果一个政策只有在制定阶段是最优的，而在执行阶段并不是最优的，这个政策就是动态不一致的。即假如没有任何新的信息出现，一项政策在制定和执行的阶段都是最优的。如果它只是在制定阶段是最优，执行阶段却不是最优，这项政策即属动态不一致[151]。

在现实中，公众会对政府的各种政策执行后的结果做出合理的预期并且根据预期采取相应的行动，这些行动会带来某些状态的改变。有可能依据当时状态设计的最优政策在状态发生改变时，其政策就达不到最优设计之下的效果了。造成这种结果的原因是由于私人信息不易获得或是政府缺乏让公众可信的承诺，或没有形成执行激励和政策效率之间的有效连接手段[152]。比如，政府制定了某些政策，但公众并不相信政府有积极性来真正实施这项政策，自然公众也不会相信这项政策，政策执行过程中有可能不能实现设计的最优政策效果。

作为政策制定者最优选择的政策，当它能够影响企业对该政策预期时，且预期已经对企业的决策产生了影响，通常，这种最优政策将不会被执行[153, 154]。最初实施的最优政策在以后的各期是否还是最优政策会受到公众预期及其应对行为的影响。管理者在制定政策时会根据现实情形选取最优政策，而公众会对该政策的影响做出预期，并根据预期结果采取相应的应对行动；这些应对行动的结果又反过来影响了现实情形，那么，针对原有情形选取的最优政策，在执行后变得不再是最优政策，即认为这种情形是该政策执行前后不具有时间一致性。

政府摆脱这种困境的办法之一是可以实行一些单一的、不易发生变动的政策，比如以法律的形式颁布一个政策，因为法律限制了政府行动的自由，该政策相当于一个一定可被执行的法令[155]。或者，对某些政策辅以可执行的处罚机制，处罚机制即为这个政策能被执行的可信保证[156]。再者，设计政策时就考虑其动态效应，以保证政策具有时间一致性[157]。

在排放权有偿使用政策的设计和实施过程中，由于影响排污收费效果的因素复杂多变，从而造成排污收费执行结果的一些不确定性，使其动态效率与预期效率之间产生某种偏离[158]。在制定有偿使用政策时，其目标是社会总收益最大，在政策执行后,是否会实现其社会总收益最大的目标实际上就是该政策是否具有时间一致性。

管理者制定一项政策后,有可能遵守承诺,也有可能不遵守承诺。在有处罚机制时,视为管理者能信守承诺,在没有处罚机制时,视为管理者不能信守承诺。考虑或不考虑总量控制政策实际上是有没有处罚机制。

(1) 有偿使用费分期收取

企业 i 的收益为

$$\Pi = \int_0^T \{e^{-\rho t}[p^i x^i - w^i x^i - rg^i(x^i, K^i) - \tau g^i(x^i, K^i) - I^i]\}dt \tag{4-84}$$

汉密尔顿函数为

$$H^i = e^{-\rho t}[p^i x^i - w^i x^i - rg^i(x^i, K^i) - \tau g^i(x^i, K^i) - I^i] + \lambda I^i \tag{4-85}$$

$$H^i = e^{-\rho t}[p^i x^i - w^i x^i - r(ax^{i2} - bx^i K^i) - \tau(ax^{i2} - bx^i K^i) - \tau C - I^i] + \lambda I^i \tag{4-86}$$

$$H^i = e^{-\rho t}[p^i x^i - w^i x^i + \Delta_1 x^{i2} + \Delta_2 x^i K^i - (r + \tau)C - I^i] + \lambda I^i \tag{4-87}$$

其中

$$\Delta_1 = -(r + \tau)a \tag{4-88}$$

$$\Delta_2 = -(r + \tau)b \tag{4-89}$$

(2) 有偿使用费用一次性收取

企业 i 的收益为

$$\Pi = \int_0^T \{e^{-\rho t}[p^i x^i - w^i x^i - rg^i(x^i, K^i) - I^i] - \tau g^i(x^i, K^i)\}dt \tag{4-90}$$

汉密尔顿函数为

$$H^i = e^{-\rho t}[p^i x^i - w^i x^i - rg^i(x^i, K^i) - I^i] - \tau g^i(x^i, K^i) + \lambda I^i \tag{4-91}$$

$$H^i = e^{-\rho t}[p^i x^i - w^i x^i + \Delta_1 x^{i2} + \Delta_2 x^i K^i - (r + \tau e^{\rho t})C - I^i] + \lambda I^i \tag{4-92}$$

其中

$$\Delta_1 = -(r + \tau e^{\rho t})a \tag{4-93}$$

$$\Delta_2 = -\left(r + \tau e^{\rho t}\right)b \tag{4-94}$$

4.8.1 承诺情形

承诺情形（commitment）是指管理者的承诺是能够保证有效的或制定的政策不会发生变化。在本研究中，承诺情形是指管理者在 $t=0$ 时刻发放的许可证总量 $\gamma(t)$ 在整个有效期 T 内都是可用的，超过许可证规定总量 $\gamma(t)$ 的污染物排放会触发罚函数，即实行总量控制政策；此外，管理者制定的有偿使用价格 τ 在有效期 T 内是保持不变的。

回顾4.5.3的社会总收益函数无约束最优解条件式（4-45），式（4-46）和式（4-47）

$$\frac{\partial H^w}{\partial x} = e^{-\rho t}\left(p^i - w^i + 2\Delta_3 x^i + \Delta_4 K^i\right) = 0 \tag{4-45}$$

$$\frac{\partial H^w}{\partial I} = -e^{-\rho t} + \mu = 0 \tag{4-46}$$

$$\dot{\mu} = -\frac{\partial H^w}{\partial K^i} = -e^{-\rho t} \cdot \Delta_3 x^i \tag{4-47}$$

$$\mu(tf) = 0 \tag{4-48}$$

其中

$$\Delta_3 = -\delta a \tag{4-68}$$

$$\Delta_4 = -\delta b \tag{4-69}$$

回顾 4.7.1 企业收益函数中企业无约束最优解条件式（4-42），式（4-43），式（4-44）

$$\frac{\partial H^i}{\partial x} = e^{-\rho t}\left(p^i - w^i + 2\Delta_1 x^i + \Delta_2 K^i\right) = 0 \tag{4-42}$$

$$\frac{\partial H^i}{\partial I} = -e^{-\rho t} + \lambda = 0 \tag{4-43}$$

$$\dot{\lambda} = -\frac{\partial H^i}{\partial K^i} = -e^{-\rho t} \cdot \Delta_2 x^i \tag{4-44}$$

在不同收费方式下的政策一致性问题：

（1）有偿使用费分年收取

$$\Delta_1 = -\tau a \qquad (4\text{-}53)$$

$$\Delta_2 = -\tau b \qquad (4\text{-}54)$$

在该政策情景下，管理者选择有偿使用价格 τ 为最大化各种企业行为下的社会总收益。若想得到最优解，应有式（4-42），式（4-43），式（4-44）满足式（4-45），式（4-46），式（4-47），可得到

$$\tau = \delta \qquad (4\text{-}95)$$

根据上式可知，有偿使用价格跟污染排放造成的损害有关，而与企业的污染减排运行费用无关。环境损害系数 δ 是常量，不随时间的变化而发生改变，也就是说，情景一下分年缴纳有偿使用费用的政策是具有时间一致性的，政策设计之初的最优目标，在政策执行过程中也依然是最优目标。

（2）有偿使用收费一次性收缴

$$\Delta_1 = -\tau e^{\rho t} a \qquad (4\text{-}96)$$

$$\Delta_2 = -\tau e^{\rho t} b \qquad (4\text{-}97)$$

同理，若想得到最优解，应有式（4-42），式（4-43），式（4-44）满足式（4-45），式（4-46），式（4-47），可得到

$$\tau = e^{-\rho t} \delta \qquad (4\text{-}98)$$

根据上式，有偿使用价格与污染排放造成的损害有关，而与企业的污染减排运行费用无关，但加入了贴现系数 $e^{-\rho t}$，表明有偿使用价格仍然受到时间变化的影响。因此，一次性收缴有偿使用费这种政策是不具有动态一致性的。

4.8.2　不承诺情形

当管理者不能承诺政策不发生变化时[不能承诺有偿使用价格 τ 和超过排放配额总量 $\gamma(t)$ 时不执行处罚政策，即不执行总量控制政策]，企业和管理者将会进行博弈。企业选用产品产量 $x^i(t)$ 和污染减排投资 I^i 作为控制变量，管理者选用有偿使用价格 τ 和排放配额总量 $\gamma(t)$ 作为可调整变量。企业选择在已由管理者

选定的最优情形下的 $\gamma(t)$ 确定可预期的最大化折现收益。

为了确定最优政策是不是具有时间一致性的，要先确定博弈均衡是否和前面部分最优路径一样。在微分博弈中，参与博弈的参与者不仅要考虑自己的控制变量对自己的状态变量的影响，还要考虑其他参与者的控制变量对自己状态变量的影响。

假设管理者不能承诺有偿使用价格不发生变化，微分博弈在管理者和企业间展开，他们同时选择各自可以控制的变量。管理者的控制变量为 $\tau(t)$（τ 随时间的变化而变化），状态变量为 $\gamma(t)$。

企业收益的汉密尔顿函数为 H^i，社会总收益汉密尔顿函数为 H^w，令 ϑ 为过程变量。状态变量的一阶条件必须考虑其他博弈者控制变量的影响反馈[159]，对于企业 i，有

$$\frac{\partial H^i}{\partial x} = \mathrm{e}^{-\rho t}\left(p^i - w^i + 2\Delta_1 x^i + \Delta_2 K^i \right) = 0 \qquad （4-99）$$

$$\frac{\partial H^i}{\partial I} = -\mathrm{e}^{-\rho t} + \vartheta = 0 \qquad （4-100）$$

$$\frac{\partial H^i}{\partial K^i} = -\dot{\vartheta} - \frac{\mathrm{d}H^i(t)}{\mathrm{d}\tau(t)}\frac{\mathrm{d}\tau(t)}{\mathrm{d}K^i(t)} \qquad （4-101）$$

因为最优解式（4-101）中 τ 不依赖于企业的污染减排运行费用 K^i，那么有 $\dfrac{\mathrm{d}\tau(t)}{\mathrm{d}K^i(t)} = 0$。由此可知式（4-101）中右边第二项为零，即 $\dot{\vartheta}$ 等于 $\dot{\lambda}$。即最优有偿使用价格仍然是不承诺情形下的解。因为最优的有偿使用价格不依赖于企业支付的污染减排成本，所以排放权有偿使用是具有动态一致性的政策。

4.9 本章小结

本章为了实现最佳排污量控制水平的目标,对管理者和企业之间"价格—对策—收益—价格"的定价过程进行刻画。根据动态最优控制理论,以企业收益最大化为目标,构建企业污染减排的行为决策模型;以社会净收益最大为目标,构建管理者排放权有偿使用价格决策模型。不同于以往的研究,有偿使用定价基于行业级别,计算行业的平均减排成本;本研究关注的是每个企业对于价格信号所给出的对策。也不同于以往的管理者不考虑企业对策反馈的单方确定价格的方式,本研究中采用"价格—对策—收益—价格"企业接受政策制定者给出的价格,调整自己的对策;政策制定者还会再预测企业调整对策反馈然后根据该反馈再次优化其有偿使用价格方案。该模型将已有的排污收费政策和总量控制政策纳入考虑,作为模型的一部分,并且设置不同的情景来比对几种政策的效应。此外还讨论了政策效果的动态一致性,得到结论有偿使用政策无论在政府是否执行承诺的情形下都具有动态一致性效果。最后,本章还将描述定价过程的概化模型扩展为可应用于多污染物的价格模型,使其能更好地应用于 COD 和 $NH_3\text{-}N$ 两种水污染物初始排放配额有偿使用定价。

为了解决欧拉方程在有约束的情况下不适用于解极值问题,利用极大值原理来解决有约束泛极值问题。根据模型设置,将其概化为两个优化问题:①针对每组给定的 τ_C 和 τ_N,求出能让企业收益最大化的污染物排放函数 $g^i(x^i, K^i)$,进而确定产品产量 x^i 和污染物减排投资 I^i;②什么样的有偿使用价格组合 τ_C 和 τ_N 能让社会总收益 H^w 实现最大化。针对这两个优化问题,构建了 BFGS-PSO 两层嵌套的优化算法,并经一定实验后确定了该算法的参数设置。

第 5 章

排放权初始配额定价模拟研究

前一章探讨了初始配额价格模型的构建以及如何以 Matlab 语言实现模型求解的算法，为配额价格确定模型实证提供了理论基础及实现途径。在本章中，将以我国为研究对象，使用 2013 年的全国环境统计数据为样本，模拟计算最优社会收益下的排放权初始配额有偿使用价格。

5.1 研究范围

因为考虑到执行排放权有偿使用政策的职能承担部门与行政管辖权是重合的，此外还有与排污收费政策和总量控制政策执行范围对应的原因，将中国划分省一级（直辖市、自治区）行政区作为样本子集。本研究涉及中国大陆境内 31 个地区（省、直辖市、自治区）。这 31 个地区全部实行了排污收费政策和污染物排放总量控制政策，其有 11 个地区推行了排放权有偿使用和交易试点。这 11 个地区分别是天津、江苏、湖北、陕西、浙江、内蒙古、湖南、山西、河北、河南、重庆。另外，山东省青岛市也推行排放权有偿使用和交易试点。虽然仅有部分地区实行了排放权有偿使用和交易政策，但在模型中，依然针对所有地区给出了不同的情景假设，无论该地区的实际执行政策是什么情况。

需要说明的是，初始配额有偿使用价格模型对研究区域的大小没有要求，即划分样本子集，不局限于省、直辖市、自治区区域，而是可以根据实际需要来划分样本子集。比如说，针对某个流域，某个小区域，该模型皆可实现。而且，对于水污染物这种空间异质性特征明显的污染物，按流域划分样本集会更合适。

5.2 数据来源

本研究采用的数据是中国环境统计数据库 2013 年的数据，涉及 31 个地区（省、直辖市、自治区）、3 个大类、39 个行业。2013 年的环统数据收录了 147 657 家企业的基本信息、能源及原材料消耗信息、产品信息和污染物排放信息，涉及 181 个统计指标（表 5-1）。

表 5-1   总企业和样本企业信息

地区代码	地区	总企业数量/个	总排放量/t		样本企业量/个	样本企业排放量/t	
			COD	NH_3-N		COD	NH_3-N
11	北京	932	5 161	322	121	916	96
12	天津	2 652	24 067	2 879	297	12 002	1 709
13	河北	10 487	152 385	12 714	1 913	92 007	8 474
14	山西	6 257	69 439	7 051	890	42 133	4 441
15	内蒙古	3 107	81 776	9 765	326	30 474	6 263
21	辽宁	6 305	73 698	6 581	747	40 654	4 987
22	吉林	1 481	58 324	3 742	240	42 404	2 813
23	黑龙江	1 874	83 097	5 076	373	44 309	3 949
31	上海	2 086	22 570	1 861	673	13 983	966
32	江苏	10 738	191 021	13 216	3 297	115 037	8 961
33	浙江	13 210	145 702	10 311	4 038	73 080	5 619
34	安徽	8 364	78 681	7 043	987	45 817	5 240
35	福建	5 753	70 526	5 444	1 257	40 235	4 042
36	江西	5 116	85 365	8 373	790	49 708	4 958
37	山东	7 707	116 004	9 273	2 576	77 994	6 647
41	河南	6 492	153 108	11 119	1 212	82 472	7 029
42	湖北	3 588	113 587	12 224	772	53 973	8 104
43	湖南	4 667	127 196	20 311	1 147	71 855	12 893
44	广东	14 957	201 827	14 427	3 736	97 392	6 398

地区代码	地区	总企业数量/个	总排放量/t		样本企业量/个	样本企业排放量/t	
			COD	NH$_3$-N		COD	NH$_3$-N
45	广西	3 531	153 819	6 302	738	115 190	4 870
46	海南	458	11 679	874	189	8 974	745
50	重庆	3 145	45 910	3 045	642	24 160	2 215
51	四川	7 510	92 611	4 459	1 330	47 135	3 128
52	贵州	3 452	56 118	3 131	654	21 393	2 044
53	云南	4 028	133 485	3 391	541	84 318	2 154
54	西藏	95	610	46	8	202	27
61	陕西	3 649	85 284	7 613	654	52 441	5 786
62	甘肃	2 329	80 920	11 805	291	45 730	8 350
63	青海	603	40 460	1 924	43	14 597	757
64	宁夏	819	96 179	7 965	94	66 028	5 577
65	新疆	2 090	177 817	11 499	307	138 617	5 895

数据来源：中国环境统计数据库，2013。

5.3 模型参数计算

在有偿使用价格模型中，将使用表 4-1 中的变量对应的数据。除了表 5-2 中的变量，其他变量的数据都是在环统数据中直接可得或经过简单计算可得的。剔除部分样本中的空值后共有 30 865 个可用的企业样本。

表 5-2　需进一步处理的变量

编号	变量	说明	单位	数据级别
1	w^i	生产成本	万元	企业
2	$K_C^i(t)$	分摊后的 COD 处理成本	万元	企业
3	$K_N^i(t)$	分摊后的 NH$_3$-N 处理成本	万元	企业
4	η_C	COD 处理成本分摊系数	—	企业
5	η_N	NH$_3$-N 处理成本分摊系数	—	企业
6	a_C	COD 排放系数	—	行业[①]

编号	变量	说明	单位	数据级别
7	b_C	COD 排放系数	—	行业
8	c_C	COD 排放常数	—	行业
9	a_N	$NH_3\text{-}N$ 排放系数	—	行业
10	b_N	$NH_3\text{-}N$ 排放系数	—	行业
11	c_N	$NH_3\text{-}N$ 排放常数	—	行业
12	$\gamma_C(t)$	允许地区排放的 COD 总量	t	地区[2]
13	$\gamma_N(t)$	允许地区排放的 $NH_3\text{-}N$ 总量	t	地区
14	τ_C	COD 有偿使用价格	万元/t	地区
15	τ_N	$NH_3\text{-}N$ 有偿使用价格	万元/t	地区
16	r_C	COD 排污收费	万元/t	地区
17	r_N	$NH_3\text{-}N$ 排污收费	万元/t	地区
18	$\varepsilon_C(t)$	COD 交易价格[3]	万元/（t·a）	地区
19	$\varepsilon_N(t)$	$NH_3\text{-}N$ 交易价格	万元/（t·a）	地区
20	$I^i(t)$	污染控制投资	万元	企业
21	I_m^i	污染控制投资最大值	万元	企业
22	MC_C	COD 平均边际处理成本	万元/t	行业
23	MC_N	$NH_3\text{-}N$ 平均边际处理成本	万元/t	行业
24	ρ	贴现率[4]	—	全国
25	δ_C	COD 环境损害系数	万元/t	地区
26	δ_N	$NH_3\text{-}N$ 环境损害系数	万元/t	地区

注：① 同一行业使用相同的数据。
②　同一行政区使用相同的数据。
③　$\varepsilon_C(t)$ 和 $\varepsilon_N(t)$ 是每年的价格，变化率是随机上下浮动的，变化率最大不超过年利率 ρ =5.25%。
④　贴现率取金融机构人民币贷款五年期基准利率（2015.06.28）：5.25%（年利率），5.25‰（月利率）。来源：http：//www.pbc.gov.cn/publish/zhengcehuobisi/629/2015/20150706092031544228990/20150706092031544228990.html。

下面逐一说明数据来源及处理方法。

5.3.1 生产成本

环境统计数据库里没有提供企业的生产成本成本信息，逐一取得成本信息在时间上和成本上都不允许，因此采取按企业所在行业的平均水平对其进行估算。

$$w = (1 - g_{pr})s_r \tag{5-1}$$

式中，w —— 成本；

    g_{pr} —— 毛利率；

    s_r —— 销售收入，本研究中用工业总产值替代。

工业总产值数据环统数据库中已提供，毛利率如附表 2 所示。

5.3.2 污染物处理成本

在有偿使用价格模型中，需要知道针对 COD 和 NH_3-N 两种污染物的处理成本。但实际上，环境统计数据中提供的每个企业污染物减排设施运行费用是针对所有污染物的处理费用。这时候就需要将总的污染物处理成本分摊到每种污染物上。采用成本分摊的方法[7]分离出针对每种污染物的处理费用。其中 η_C 和 η_N 分别为 COD 和 NH_3-N 的处理成本分摊系数。计算方法如下：

废水处理设施每种污染物的处理效益为：

$$\eta_i = \frac{I_i - E_i}{S_i} \tag{5-2}$$

式中，η_i —— 处理设施对第 i 种污染物的处理效益；

    I_i —— 第 i 种污染物处理设施进口浓度，mg/L；

    E_i —— 第 i 种污染物处理设施出口浓度，mg/L；

    S_i —— 污染物的排放标准。

环境统计数据中提供 COD 和 NH_3-N 进出口浓度、污染物的排放标准见表5-3。有针对行业颁布污染物排放标准的执行行业标准，没有规定行业标准的企业，执行《污水综合排放标准》（GB 8978—1996）。

表 5-3　各行业污染物排放标准

行业代码	行业名称	COD排放浓度/（mg/L）	NH$_3$-N排放浓度/（mg/L）	来源
6	煤炭开采和洗选业	150	25	GB 8978—1996 污水综合排放标准[160]
61	烟煤和无烟煤开采洗选	50	—	GB 20426—2006 煤炭工业污染物排放标准[161]
7	石油和天然气开采业	150	25	GB 8978—1996 污水综合排放标准[160]
8	黑色金属矿采选业	150	25	GB 8978—1996 污水综合排放标准[160]
81	铁矿采选	200	30	GB 28661—2012 铁矿采选工业污染物排放标准[162]
9	有色金属矿采选业	150	25	GB 8978—1996 污水综合排放标准[160]
93	稀有稀土金属矿采选	100	50	GB 26451—2011 稀土工业污染物排放标准[163]
10	非金属矿采选业	150	25	GB 8978—1996 污水综合排放标准[160]
11	开采辅助活动	150	25	GB 8978—1996 污水综合排放标准[160]
12	其他采矿业	150	25	GB 8978—1996 污水综合排放标准[160]
13	农副食品加工业	150	25	GB 8978—1996 污水综合排放标准[160]
134	制糖业	100	10	GB 21909—2008 制糖工业水污染物排放标准[164]
135	屠宰及肉类加工	500	50	GB13457—92 肉类加工工业水污染物排放标准[165]
136	水产品加工	200	25	水产品加工业水污染物排放标准（征求意见稿）[166]
1391	淀粉及淀粉制品制造	300	35	GB 25461—2010 淀粉工业水污染物排放标准[167]
14	食品制造	150	25	GB 8978—1996 污水综合排放标准[160]
15	酒、饮料和精制茶制造业	150	25	GB 8978—1996 污水综合排放标准[160]
1511	酒精制造	400	30	GB 27631—2011 发酵酒精和白酒工业水污染物排放标准[168]
1512	白酒制造	400	30	GB 27631—2011 发酵酒精和白酒工业水污染物排放标准[168]
1513	啤酒制造	80	15	GB 19821—2005 啤酒工业污染物排放标准[169]
16	烟草制品业	150	25	GB 8978—1996 污水综合排放标准[160]
17	纺织业	150	25	GB 8978—1996 污水综合排放标准[160]

行业代码	行业名称	COD排放浓度/（mg/L）	NH₃-N排放浓度/（mg/L）	来源
171	棉纺织及印染精加工	200	20	GB 4287—2012 纺织染整工业水污染物排放标准[170]
172	毛纺织及染整精加工	200	25	GB 28937—2012 毛纺工业水污染物排放标准[171]
173	麻纺织及染整精加工	250	25	GB 28937—2012 麻纺工业水污染物排放标准[172]
174	丝绢纺织及印染精加工	200	40	GB 28936—2012 缫丝工业水污染物排放标准[173]
18	纺织服装、服饰业	150	25	GB 8978—1996 污水综合排放标准[160]
19	皮革毛皮羽毛及其制品和制鞋业	150	25	GB 8978—1996 污水综合排放标准[160]
191	皮革鞣制加工	300	70	GB 30486—2013 制革及毛皮加工工业水污染物排放标准[174]
192	皮革制品制造	300	70	GB 30486—2013 制革及毛皮加工工业水污染物排放标准[174]
193	毛皮鞣制及制品加工	300	70	GB 30486—2013 制革及毛皮加工工业水污染物排放标准[174]
194	羽毛（绒）加工及制品制造	80	12	GB 21901—2008 羽绒工业水污染物排放标准[175]
20	木材加工和木、竹、藤、棕、草制品业	150	25	GB 8978—1996 污水综合排放标准[160]
21	家具制造业	150	25	GB 8978—1996 污水综合排放标准[160]
219	其他家具制造	100	12	GB 3544—2008 制浆造纸工业水污染物排放标准[176]
22	造纸和纸制品业	150	25	GB 8978—1996 污水综合排放标准[160]
222	造纸	80	8	GB 3544—2008 制浆造纸工业水污染物排放标准[176]
223	纸制品制造	150	25	GB 8978—1996 污水综合排放标准[160]
23	印刷和记录媒介复制业	150	25	GB 8978—1996 污水综合排放标准[160]
24	文教、工美、体育和娱乐用品制造业	150	25	GB 8978—1996 污水综合排放标准[160]
25	石油加工、炼焦和核燃料加工业	150	25	GB 8978—1996 污水综合排放标准[160]

行业代码	行业名称	COD 排放浓度/ (mg/L)	NH₃-N 排放浓度/ (mg/L)	来源
252	炼焦	150	25	GB 16171—2012 炼焦化学工业污染物排放标准[177]
26	化学原料和化学制品制造业	150	25	GB 8978—1996 污水综合排放标准[160]
262	氮肥制造	200	50	GB 13458—2013 合成氨工业水污染物排放标准[178]
263	农药制造	100	10	GB 21523—2008 杂环类农药工业水污染物排放标准[179]
27	医药制造业	150	25	GB 8978—1996 污水综合排放标准[160]
271	化学药品原料药制造	120	25	GB 21904—2008 化学合成类制药工业水污染物排放标准[180]
272	化学药品制剂制造	60	10	GB 21908—2008 混装制剂类制药工业水污染物排放标准[181]
273	中药饮片加工	100	8	GB 21906—2008 中药类制药工业水污染物排放标准[182]
274	中成药生产	100	8	GB 21906—2008 中药类制药工业水污染物排放标准[182]
275	兽用药品制造	120	25	GB 21904—2008 化学合成类制药工业水污染物排放标准[180]
276	生物药品制造	80	10	GB 21907—2008 生物工程类制药工业水污染物排放标准[183]
28	化学纤维制造业	150	25	GB 8978—1996 污水综合排放标准[160]
29	橡胶和塑料制品业	150	25	GB 8978—1996 污水综合排放标准[160]
30	非金属矿物制品业	150	25	GB 8978—1996 污水综合排放标准[160]
307	陶瓷制品制造	110	10	GB 25464—2010 陶瓷工业污染物排放标准[184]
31	黑色金属冶炼和压延加工业	150	25	GB 8978—1996 污水综合排放标准[160]
311	炼铁	200	15	GB 13456—2012 钢铁工业水污染物排放标准[185]
312	炼钢	200	15	GB 13456—2012 钢铁工业水污染物排放标准[185]
315	铁合金冶炼	200	15	GB 28666—2012 铁合金工业污染物排放标准[186]

行业代码	行业名称	COD排放浓度/（mg/L）	NH₃-N排放浓度/（mg/L）	来源
32	有色金属冶炼和压延加工业	150	25	GB 8978—1996 污水综合排放标准[160]
3211	铜冶炼	300	20	GB 25467—2010 铜、镍、钴工业污染物排放标准[187]
3212	铅锌冶炼	200	25	GB 25466—2010 铅、锌工业污染物排放标准[188]
3213	镍钴冶炼	300	20	GB 25467—2010 铜、镍、钴工业污染物排放标准[187]
3214	锡冶炼	200	25	GB 30770—2014 锡、锑、汞工业污染物排放标准[189]
3215	锑冶炼	200	25	GB 30770—2014 锡、锑、汞工业污染物排放标准[189]
3216	铝冶炼	200	25	GB 25465—2010 铝工业污染物排放标准[190]
3217	镁冶炼	180	25	GB 25468—2010 镁、钛工业污染物排放标准[191]
323	稀有稀土金属冶炼	100	50	GB 26451—2011 稀土工业污染物排放标准[163]
33	金属制品业	150	25	GB 8978—1996 污水综合排放标准[160]
336	金属表面处理及热处理加工	80	15	GB 21900—2008 电镀污染物排放标准[192]
34	通用设备制造业	150	25	GB 8978—1996 污水综合排放标准[160]
35	专用设备制造业	150	25	GB 8978—1996 污水综合排放标准[160]
36	汽车制造业	150	25	GB 8978—1996 污水综合排放标准[160]
37	铁路、船舶、航空航天和其他运输设备制造业	150	25	GB 8978—1996 污水综合排放标准[160]
38	电气机械和器材制造业	150	25	GB 8978—1996 污水综合排放标准[160]
384	电池制造	150	30	GB 30484—2013 电池工业污染物排放标准[193]
39	计算机、通信和其他电子设备制造业	150	25	GB 8978—1996 污水综合排放标准[160]
40	仪器仪表制造业	150	25	GB 8978—1996 污水综合排放标准[160]

行业代码	行业名称	COD排放浓度/（mg/L）	NH₃-N排放浓度/（mg/L）	来源
41	其他制造业	150	25	GB 8978—1996 污水综合排放标准[160]
42	废弃资源综合利用业	150	25	GB 8978—1996 污水综合排放标准[160]
43	金属制品、机械和设备修理业	150	25	GB 8978—1996 污水综合排放标准[160]
431	金属制品修理	150	25	GB 8978—1996 污水综合排放标准[160]
4349	其他运输设备修理	300	25	GB 26877—2011 汽车维修业水污染物排放标准[194]
44	电力、热力生产和供应业	150	25	GB 8978—1996 污水综合排放标准[160]
45	燃气生产和供应业	150	25	GB 8978—1996 污水综合排放标准[160]
46	水的生产和供应业	150	25	GB 8978—1996 污水综合排放标准[160]
462	污水处理及其再生利用	100	25	GB 18918—2002 城镇污水处理厂污染物排放标准[195]

COD 和 NH₃-N 的处理费用分摊系数可表示为

$$Y_i = \frac{\eta_i}{\sum\limits_i^n \eta_i} \tag{5-3}$$

式中，Y_i—— 第 i 种污染物的处理费用系数；

　　η_i—— 处理设施对第 i 种污染物的处理效益。

5.3.3　污染物排放系数

在已建立的有偿使用价格模型中，有一项是描述污染物排放量和产品产量与污染减排投资现值三个变量间关系的 $g^i(x^i, K^i)$。在求解有偿使用价格时需要知道具体的函数表达式，因此，需要将隐函数形式显化。

（1）函数形式

描述污染物排放量、产品产量和污染减排投资三者关系的模型即式（4-2）的回归方程[143]

$$g^i = ax^{i2} + bx^i K^i + c \tag{5-4}$$

其对数形式

$$\lg g^i = A\lg x^i + B\lg x^i K^i + \lg C \tag{5-5}$$

式中，g^i——企业 i 的污染物排放量；

x^i——企业 i 的产品产量；

K^i——企业 i 的污染物处理投资现值；

a、b、A、B——参数；

c、C——常数。

（2）数据来源

回归样本来自中国环境统计数据库 2013 年的数据，涉及 31 个地区（省、直辖市、自治区）、39 个行业。因为无法获知每个企业采用的是何种处理工艺数据，所以将同一行业的样本放置在一起。

（3）回归结果

COD 和 NH_3-N 的污染物排放与产品产量及污染物投资现值函数回归系数分别见表 5-4 和表 5-5。

表 5-4　COD 污染排放函数回归系数

行业代码	行业名称	$\lg x^2$	lgXK	常数	观测值	R-Sq
6	煤炭开采和洗选业	−0.170*** (0.014)	0.398*** (0.012)	−0.946*** (0.199)	2 383	0.490
7	石油和天然气开采业	−0.104 (0.112)	0.337*** (0.088)	−2.122 (1.536)	71	0.333
8	黑色金属矿采选业	−0.019 (0.024)	0.327*** (0.019)	−3.991*** (0.295)	796	0.552
9	有色金属矿采选业	−0.154*** (0.009)	0.397*** (0.011)	−0.784*** (0.082)	1 234	0.597
10	非金属矿采选业	−0.269*** (0.041)	0.518*** (0.037)	−0.314 (0.548)	217	0.511
13	农副食品加工业	−0.167*** (0.010)	0.381*** (0.008)	−0.576*** (0.093)	4 622	0.456

行业代码	行业名称	$\lg x^2$	lgXK	常数	观测值	R-Sq
14	食品制造业	−0.149*** （0.011）	0.386*** （0.009）	−1.269*** （0.117）	2 076	0.549
15	酒、饮料和精制茶制造业	−0.185*** （0.015）	0.408*** （0.013）	−0.881*** （0.137）	1 270	0.572
16	烟草制品业	−0.088 （0.054）	0.382*** （0.039）	−3.016*** （1.023）	33	0.769
17	纺织业	−0.092 5*** （0.009）	0.334*** （0.007）	−1.116*** （0.078）	3 537	0.568
18	纺织服装、服饰业	−0.214*** （0.033）	0.427*** （0.030）	−0.592*** （0.227）	223	0.571
19	皮革、毛皮、羽毛及其制品和制鞋业	−0.215*** （0.026）	0.490*** （0.025）	−1.081*** （0.248）	327	0.578
20	木材加工和木、竹、藤、棕、草制品业	−0.176*** （0.039）	0.465*** （0.050）	−1.624*** （0.551）	50	0.657
22	造纸和纸制品业	−0.186*** （0.011）	0.370*** （0.008）	0.155 （0.122）	3 163	0.510
23	印刷和记录媒介复制业	−0.311*** （0.046）	0.580*** （0.044）	−1.427** （0.554）	60	0.761
24	文教、工美、体育和娱乐用品制造业	−0.257*** （0.035）	0.502*** （0.047）	−1.445*** （0.237）	90	0.571
25	石油加工、炼焦和核燃料加工业	−0.141*** （0.029）	0.410*** （0.018）	−2.428*** （0.400）	413	0.779
26	化学原料和化学制品制造业	−0.188*** （0.006）	0.439*** （0.005）	−1.607*** （0.063）	5 748	0.669
27	医药制造业	−0.152*** （0.011）	0.386*** （0.010）	−0.963*** （0.086）	1 524	0.564
28	化学纤维制造业	−0.341*** （0.026）	0.516*** （0.019）	−0.009 （0.415）	313	0.706
29	橡胶和塑料制品业	−0.215*** （0.026）	0.444*** （0.024）	−1.049*** （0.295）	313	0.555
30	非金属矿物制品业	−0.347*** （0.011）	0.524*** （0.012）	0.035 （0.156）	1 452	0.566
31	黑色金属冶炼和压延加工业	−0.162*** （0.025）	0.367*** （0.017）	−1.340*** （0.292）	924	0.614

行业代码	行业名称	$\lg x^2$	lgXK	常数	观测值	R-Sq
32	有色金属冶炼和压延加工业	-0.149^{***} (0.012)	0.418^{***} (0.011)	-1.877^{***} (0.140)	1 168	0.630
33	金属制品业	-0.180^{***} (0.008)	0.432^{***} (0.009)	-1.820^{***} (0.082)	2 443	0.553
34	通用设备制造业	-0.158^{***} (0.023)	0.399^{***} (0.022)	-1.783^{***} (0.253)	401	0.511
35	专用设备制造业	-0.119^{***} (0.038)	0.425^{***} (0.035)	-2.349^{***} (0.444)	106	0.697
36	汽车制造业	-0.122^{***} (0.033)	0.381^{***} (0.032)	-1.962^{***} (0.381)	179	0.551
37	铁路、船舶、航空航天和其他运输设备制造业	-0.255^{***} (0.051)	0.504^{***} (0.056)	-1.025^{*} (0.545)	95	0.529
38	电气机械和器材制造业	-0.243^{***} (0.034)	0.456^{***} (0.038)	-0.936^{**} (0.381)	123	0.548
39	计算机、通信和其他电子设备制造业	-0.195^{***} (0.020)	0.447^{***} (0.025)	-1.537^{***} (0.211)	163	0.690
41	其他制造业	-0.235^{***} (0.027)	0.411^{***} (0.032)	-0.653^{**} (0.313)	196	0.467
42	废弃资源综合利用业	-0.228^{***} (0.033)	0.427^{***} (0.041)	-0.658^{*} (0.383)	129	0.467
44	电力、热力生产和供应业	-0.205^{***} (0.031)	0.427^{***} (0.028)	-0.939^{*} (0.540)	61	0.812

注：$^{***}p<0.01$，$^{**}p<0.05$，$^{*}p<0.1$。

表 5-5　NH$_3$-N 污染物排放函数回归系数

行业代码	行业名称	$\lg x^2$	lgXK	常数	观测值	R-Sq
6	煤炭开采和洗选业	0.014 (0.021)	0.242^{***} (0.023)	-3.941^{***} (0.323)	856	0.277
7	石油和天然气开采业	-0.027 (0.111)	0.282^{**} (0.125)	-3.308^{*} (1.751)	50	0.195
8	黑色金属矿采选业	-0.033 (0.053)	0.168^{**} (0.067)	-2.309^{***} (0.689)	92	0.114

行业代码	行业名称	lg x^2	lgXK	常数	观测值	R-Sq
9	有色金属矿采选业	−0.125*** (0.028)	0.349*** (0.041)	−1.613*** (0.255)	230	0.268
10	非金属矿采选业	−0.050 (0.076)	0.375*** (0.079)	−4.071*** (0.984)	109	0.299
13	农副食品加工业	0.002 (0.011)	0.285*** (0.012)	−3.662*** (0.104)	4 207	0.297
14	食品制造业	−0.072 4*** (0.016)	0.409*** (0.018)	−3.992*** (0.160)	1 752	0.367
15	酒、饮料和精制茶制造业	−0.049 3** (0.019)	0.396*** (0.024)	−4.130*** (0.174)	1 140	0.418
17	纺织业	0.134*** (0.013)	0.144*** (0.013)	−3.601*** (0.122)	3 000	0.239
18	纺织服装、服饰业	0.025 (0.048)	0.168*** (0.062)	−2.846*** (0.359)	199	0.124
19	皮革、毛皮、羽毛及其制品和制鞋业	−0.007 (0.037)	0.259*** (0.050)	−2.434*** (0.321)	302	0.170
22	造纸和纸制品业	0.124*** (0.017)	0.216*** (0.015)	−4.828*** (0.191)	2 142	0.377
23	印刷和记录媒介复制业	−0.320*** (0.114)	0.583*** (0.169)	−3.392*** (1.115)	46	0.217
24	文教、工美、体育和娱乐用品制造业	−0.154** (0.066)	0.380*** (0.113)	−3.194*** (0.395)	71	0.150
25	石油加工、炼焦和核燃料加工业	−0.043 (0.042)	0.420*** (0.038)	−5.512*** (0.573)	348	0.535
26	化学原料和化学制品制造业	−0.113*** (0.010)	0.474*** (0.011)	−4.384*** (0.100)	4 372	0.410
27	医药制造业	−0.150*** (0.017)	0.444*** (0.022)	−2.959*** (0.129)	1 206	0.315
28	化学纤维制造业	−0.290*** (0.049)	0.570*** (0.051)	−1.856*** (0.685)	249	0.345
29	橡胶和塑料制品业	−0.119** (0.048)	0.389*** (0.060)	−3.622*** (0.472)	206	0.229
30	非金属矿物制品业	−0.203*** (0.022)	0.459*** (0.033)	−3.158*** (0.277)	514	0.287

行业代码	行业名称	$\lg x^2$	$\lg XK$	常数	观测值	R-Sq
31	黑色金属冶炼和压延加工业	-0.216^{***} (0.039)	0.540^{***} (0.042)	-3.357^{***} (0.507)	369	0.382
32	有色金属冶炼和压延加工业	-0.147^{***} (0.021)	0.434^{***} (0.026)	-3.221^{***} (0.274)	602	0.348
33	金属制品业	$-0.089\,0^{***}$ (0.015)	0.393^{***} (0.021)	-4.974^{***} (0.143)	1 378	0.292
34	通用设备制造业	$-0.092\,7^{**}$ (0.045)	0.400^{***} (0.065)	-4.939^{***} (0.477)	197	0.229
35	专用设备制造业	-0.041 (0.074)	0.423^{***} (0.089)	-5.334^{***} (0.919)	70	0.358
36	汽车制造业	-0.003 (0.063)	0.244^{***} (0.085)	-4.232^{***} (0.649)	100	0.196
37	铁路、船舶、航空航天和其他运输设备制造业	-0.084 (0.072)	0.406^{***} (0.099)	-4.187^{***} (0.814)	65	0.342
38	电气机械和器材制造业	-0.055 (0.054)	0.176^{**} (0.071)	-2.418^{***} (0.651)	74	0.086
39	计算机、通信和其他电子设备制造业	-0.245^{***} (0.050)	0.525^{***} (0.079)	-3.081^{***} (0.394)	113	0.301
41	其他制造业	-0.034 (0.062)	0.071 (0.086)	-2.122^{***} (0.471)	109	0.008
42	废弃资源综合利用业	-0.255^{***} (0.056)	0.427^{***} (0.105)	-2.069^{***} (0.584)	76	0.223
44	电力、热力生产和供应业	-0.251^{***} (0.065)	0.535^{***} (0.075)	-2.239^{**} (0.924)	43	0.595

注：$^{***}p<0.01$，$^{**}p<0.05$，$^{*}p<0.1$。

5.3.4　地区污染物排放目标总量

我国实行的污染物排放总量控制政策，按年度对每个行政区都规定了允许排放的污染物总量。但是，实证中选择的企业样本只是该地区的部分企业，不是全部企业，用全部企业的控制总量指标去衡量是不合适的。因此，分别用参与计算的样本企业总的 COD 排放量、NH_3-N 排放量与该地区两种污染物的总排放量之比作为比例系数,计算出针对参与实证计算的企业样本的两种污染物排放总控制量。2013 年各地区 COD 和 NH_3-N 允许排放总量及重新计算后的允许排放总量见表 5-6。

表 5-6　2013 年各地区污染排放控制总量

地区代码	地区	总量控制目标/t		样本企业分担的总量控制目标/t	
		COD	NH_3-N	COD	NH_3-N
11	北京	6 187	389	1 098	117
12	天津	20 040	2 808	9 994	1 667
13	河北	170 257	16 018	102 798	10 675
14	山西	82 668	8 161	50 160	5 140
15	内蒙古	81 297	10 163	30 296	6 519
21	辽宁	99 962	8 010	55 143	6 070
22	吉林	64 314	3 726	46 759	2 801
23	黑龙江	89 165	5 253	47 544	4 087
31	上海	28 171	2 785	17 454	1 446
32	江苏	219 061	15 944	131 923	10 811
33	浙江	161 511	10 977	81 009	5 982
34	安徽	87 122	7 895	50 733	5 875
35	福建	90 747	7 193	51 771	5 341
36	江西	114 914	11 022	66 915	6 527
37	山东	124 995	10 547	84 039	7 560
41	河南	172 793	12 286	93 076	7 767
42	湖北	136 514	16 061	64 867	10 647
43	湖南	163 281	26 276	92 240	16 680
44	广东	205 804	13 050	99 312	5 787
45	广西	201 865	7 381	151 171	5 704
46	海南	10 674	610	8 202	520
50	重庆	57 815	3 140	30 424	2 284
51	四川	126 954	5 330	64 614	3 740
52	贵州	57 003	2 884	21 730	1 882

地区代码	地区	总量控制目标/t		样本企业分担的总量控制目标/t	
		COD	NH₃-N	COD	NH₃-N
53	云南	160 416	4 851	101 329	3 082
54	西藏	996	48	330	29
61	陕西	97 346	8 186	59 858	6 222
62	甘肃	96 601	12 773	54 591	9 034
63	青海	46 826	2 094	16 894	823
64	宁夏	105 990	8 826	72 763	6 180
65	新疆	176 234	11 026	137 383	5 652

数据来源：环境保护部总量减排数据库，2013。

5.3.5　排污收费标准

自从排污收费政策开始执行以来，国家层面，各省、直辖市、自治区都出台了相应的排污收费标准。各地区根据其实际情况，制定各自的排污收费标准，或高于国家标准，或采用国家标准。需要说明的是，除了针对各自行政区域内制定了排污收费标准，还有一种情形是针对某个流域制定了排污收费标准。比如江苏省除了制定针对一般区域的排污收费标准之外，还专门制定了针对太湖流域的排污收费标准。在本研究中，江苏省的排污收费采用一般收费标准。各地区排污收费标准见表 5-7。

表 5-7　各地区排污收费标准

代码	地区	COD/ (万元/t)	NH₃-N/ (万元/t)	文件依据	文号
11	北京	1	1.2	关于执行二氧化硫等四种污染物排污收费调整标准有关事宜的通知	京发改〔2013〕2657 号
12	天津	0.75	0.95	市发展和改革委 市财政局 市环境保护局 关于调整二氧化硫等 4 种污染物排污费征收标准的通知	津发改价管〔2014〕272 号
13	河北	0.28	0.28	关于调整排污费收费标准等有关问题的通知	冀发改价格〔2014〕1717 号

代码	地区	COD/（万元/t）	NH₃-N/（万元/t）	文件依据	文号
14	山西	0.14	0.175	山西省物价局 山西省财政厅 山西省环境保护厅关于调整排污收费征收标准等有关问题的通知	晋价费字〔2015〕107 号
15	内蒙古	0.07	0.087 5	排污费征收使用管理条例	中华人民共和国国务院令第 369 号
21	辽宁	0.14	0.175	关于调整我省排污费征收标准等有关问题的通知	辽价发〔2015〕30 号
22	吉林	0.14	0.175	吉林省物价局 吉林省财政厅 吉林省环境保护厅关于调整我省排污费征收标准的通知	吉省价收〔2015〕105 号
23	黑龙江	0.14	0.175	黑龙江省物价监督管理局 黑龙江省财政厅 黑龙江省环境保护厅关于调整排污费征收标准等有关问题的通知	黑价联〔2015〕29 号
31	上海	0.3	0.3	关于调整本市排污费收费征收标准等有关问题的通知	沪发改价费〔2014〕5 号
32	江苏	0.42	0.525	江苏省物价局 财政厅 环境保护厅关于调整排污费征收标准有关问题的通知	苏价费〔2015〕276 号
33	浙江	0.14	0.175	浙江省物价局 浙江省财政厅 浙江省环境保护厅转发国家发展改革委员会财政部环境保护部关于调整排污费征收标准等有关问题的通知	浙价资〔2015〕160 号
34	安徽	0.14	0.175	安徽省物价局 安徽省财政厅 安徽省环境保护厅关于调整排污费征收标准等有关问题的通知	皖价费〔2015 82 号
35	福建	0.14	0.175	福建省物价局 福建省财政厅 福建省环保厅关于调整排污费征收标准等有关问题的通知	闽价费〔2014〕397 号
36	江西	0.07	0.088	排污费征收使用管理条例	中华人民共和国国务院令第 369 号
37	山东	0.14	0.175	省物价局 省财政厅 省环保厅关于完善排污收费政策促进治污减排有关问题的通知	鲁价费发〔2015〕53 号

代码	地区	COD/ （万元/t）	NH₃-N/ （万元/t）	文件依据	文号
41	河南	0.14	0.175	关于调整我省排污费征收标准有关问题的通知	豫发改价格〔2015〕256 号
42	湖北	0.14	0.175	湖北省物价局 湖北省财政厅文件 湖北省环境保护厅关于调整排污费征收标准等有关问题的通知	鄂价环资〔2015〕87 号
43	湖南	0.14	0.175	湖南省发展和改革委员会 湖南省财政厅 湖南省环境保护厅关于调整排污收费征收标准等有关问题的通知	湘发改价费〔2015〕306 号
44	广东	0.07	0.087 5	排污费征收使用管理条例	中华人民共和国国务院令第 369 号
45	广西	0.14	0.175	广西壮族自治区物价局 财政厅 环境保护厅转发国家发展改革委 财政部 环境保护部关于调整排污费征收标准等有关问题的通知	桂价费〔2015〕67 号
46	海南	0.14	0.175	海南省物价局 海南省财政厅 海南省生态环境保护厅关于调整排污费征收标准等有关问题的通知	琼价费管〔2015〕149 号
50	重庆	0.14	0.175	重庆市物价局 重庆市财政局 重庆市环境保护局关于调整排污费征收标准及有关问题的通知	渝价〔2015〕41 号
51	四川	0.14	0.175	四川省发展和改革委员会 四川省财政厅 四川省环境保护厅关于调整排污收费标准等有关问题的通知	川发改价格〔2015〕363 号
52	贵州	0.14	0.175	贵州省发展和改革委员会 贵州省财政厅 贵州省环境保护厅关于调整排污费征收标准有关问题的通知	黔发改收费〔2015〕1019 号
53	云南	0.14	0.175	云南省物价局 云南省财政厅 云南省环境保护厅转发国家发展改革委财政部环境保护部关于调整排污收费征收标准等有关问题文件的通知	云价综合〔2014〕173 号
54	西藏	0.14	0.175	排污费征收使用管理条例	中华人民共和国国务院令第 369 号
61	陕西	0.14	0.175	陕西省物价局 陕西省财政厅 陕西省环境保护厅关于调整排污费征收标准等有关问题的通知	陕价费发〔2015〕58 号

代码	地区	COD/ （万元/t）	NH₃-N/ （万元/t）	文件依据	文号
62	甘肃	0.14	0.175	甘肃省发展和改革委员会 甘肃省财政厅 甘肃省环境保护厅关于调整排污费征收标准等有关问题的通知	甘发改服务〔2015〕705 号
63	青海	0.14	0.175	省发展改革委 省财政厅 省环境保护厅关于调整排污费征收标准等有关事项的通知	青发改价格〔2015〕379 号
64	宁夏	0.14	0.175	宁夏回族自治区物价局 宁夏回族自治区财政厅 宁夏回族自治区环境保护厅关于转发《国家发展改革委 财政部 环境保护部关于调整排污费征收标准等有关问题的通知》的通知	宁价商发〔2015〕48 号
65	新疆	0.14	0.175	关于调整排污费征收标准等有关问题的通知	新发改收费〔2015〕363 号

5.3.6　污染控制投资

企业在进行是否增加污染物减排投资决策的时候，其决策依据主要是企业自身的成本收益分析，那么，企业的污染控制成本至关重要。而污染控制成本又跟企业的污染控制工艺有关。企业为了在现有排放水平上更进一步减少污染物排放量，可分别从污染物产生源头和末端治理两个环节入手减少污染物产生量和排放量：

①从污染物的产生源头，改进生产工艺，减少污染物的产生量；

②从污染物的处理环节，采用效率更高的污染物处理工艺或是在现有处理工艺的基础上增加处理成本以减少污染物的排放量。

在本研究中，我们假设企业仅考虑末端治理环节的污染控制投资。具体地，企业可以采用效率更高的污染物处理工艺，或提高现有的处理设施的运行负荷（针对没有满负荷运行的设施而言），再者可以调整工艺运行参数等。企业选取何种污染治理方法，受限于现实情况，如生产工艺对其污染物处理工艺的限制，气候条件对处理工艺的限制，场地条件的限制，现有工艺改造成本等。本研究中涉及 31 个地区 39 个行业的 30 865 家企业，现实情形复杂，且掌握的信息有限，不了解每个企业采取何种污染处理工艺，在模拟时无法明确企业的污染处理技术选择。

我们希望了解企业的污染物处理技术选择，最终是为了得到每种技术选择所对应的企业要支付的成本，那么，可以从另外的角度考虑这个问题，如果不能建立每种技术选择对应的成本，是否可以建立处理单位污染物所花费的成本关系函数呢？若能得到处理单位污染物所花费的成本，企业的污染控制投资函数可表示为

$$I^i(t) = MC_C \left[y_C^i(x^i) - g_C^i(x^i, K^i) \right] + MC_N \left[y_N^i(x^i) - g_N^i(x^i, K^i) \right] \qquad (5\text{-}6)$$

式中，$I^i(t)$ —— 企业污染减排投资，万元；

MC_C，MC_N —— COD，$NH_3\text{-}N$ 边际处理成本，万元/t；

$y_C^i(x^i)$，$y_N^i(x^i)$ —— COD，$NH_3\text{-}N$ 污染物产生量，t；

$g_C^i(x^i, K^i)$，$g_N^i(x^i, K^i)$ —— COD，$NH_3\text{-}N$ 污染物排放量，t。

5.3.7 污染物处理费用函数

（1）函数形式

有很多学者做过污染物处理与成本的关系研究。其研究视角各不相同，有的是按照处理工艺分类分析处理效率与成本之间的关系[196]，另一些是按照行业分类研究处理效率与成本之间的关系[197]，还有的是按照处理构筑物分类来分析处理效率和成本之间的关系[198]。

污染物处理费用函数的建立主要考虑两方面的因素，函数形式及关键变量的选取。函数形式有线性形式，幂函数形式，指数函数形式。

有学者在其研究中采用线性形式[199, 200]

$$Y = a - bx \tag{5-7}$$

式中，Y——单位处理成本；

　　x——工厂产能；

　　a，b——系数。

也有学者在其研究中采用幂函数形式[198, 201-203]

$$I = AQ^n \tag{5-8}$$

式中，I——污染物处理设施总投资；

　　Q——处理流量；

　　A，n——参数。

还有学者采用指数函数形式[196]

$$C = AV^b \mathrm{e}^{\sum \alpha_i x_i} \tag{5-9}$$

式中，C——年成本；

　　V——年污水处理量；

　　x_i——处理环节中不同的变量，如设施新旧程度及各种污染物的去除效率等；

　　A，b，α_i——系数。

变量的选取按其表征的侧重点不同，主要分为反映三方面的因素：企业情况，污染处理设施或技术情况，污染物处理情况（表 5-8）。

表 5-8　污染物处理函数变量选择

企业情况	污染处理设施	污染物处理情况
所属行业[204, 205]	每日污水处理量[196]	污染物去除率（浓度或量）[204]
建厂时间[204, 205]	年污水处理量[204, 205]	污染物去除量[206]

企业情况	污染处理设施	污染物处理情况
生产效率[204, 205]	处理设施投资[204]	污染物进出口浓度比[205]
年生产总值		
所有制[204, 205]		

实际上，费用函数形式及其变量的选取，与其研究对象样本有关。本研究在对研究样本做了初步筛查和试算后，选择如下函数形式和变量建立回归方程

$$\text{Cost} = \text{Cons} \cdot \text{GIOV}^{\alpha} \cdot \text{CAPA}^{\beta} \cdot \text{CODR}^{\varphi} \cdot \text{NH}_3\text{NR}^{\phi} \cdot \text{WAST}^{\psi} \qquad (5\text{-}10)$$

其对数形式为

$$\begin{aligned}\text{lgCost} = {} &\alpha \cdot \text{lgGIOV} + \beta \cdot \text{lgCAPA} + \varphi \cdot \text{lgCODR} + \\ &\phi \cdot \text{lgNH}_3\text{NR} + \psi \cdot \text{lgWAST} + \text{lgCons}\end{aligned} \qquad (5\text{-}11)$$

式中，Cons —— 常数；

      Cost —— 处理费用，这里采用污染物处理设施运行成本，万元；

      GIOV —— 工业总产值，万元；

      CAPA —— 污染物处理设施处理能力，t/d；

      CODR —— COD 削减量，t；

      NH_3NR —— NH_3-N 削减量，t；

      WAST —— 企业的工业废水处理量，t；

      α，β，φ，ϕ，ψ —— 幂指数。

计算污染物处理费用函数系数仍然采用中国环境统计数据库 2013 年的数据，涉及 31 个地区（省、直辖市、自治区）、3 个大类、37 个行业、5 个统计指标。参与回归的样本共有 39 945 个。

（2）回归结果

污染物处理费用函数回归系数见表 5-9。

表 5-9　污染物处理费用函数回归系数

行业代码	行业名称	lgGIOV	lgCAPA	lgCODR	lgNH₃NR	lgWAST	常数	观测值	R-s
6	煤炭开采和洗选业	0.175*** (0.019)	0.225*** (0.025)	0.0643*** (0.020)	0.015 (0.014)	0.394*** (0.025)	−5.192*** (0.217)	1 169	0.710
7	石油和天然气开采业	0.151** (0.069)	0.181 (0.111)	0.089 (0.075)	−0.104 (0.076)	0.618*** (0.098)	−6.451*** (0.873)	132	0.787
8	黑色金属矿采选业	0.138** (0.062)	0.293*** (0.076)	0.092 (0.062)	−0.075 (0.058)	0.396*** (0.062)	−5.206*** (0.614)	151	0.624
9	有色金属矿采选业	0.148*** (0.038)	0.202*** (0.051)	0.100*** (0.038)	−0.0531* (0.027)	0.401*** (0.043)	−4.580*** (0.407)	390	0.605
10	非金属矿采选业	0.280*** (0.049)	0.136 (0.090)	−0.007 (0.047)	−0.062 (0.040)	0.370*** (0.086)	−4.534*** (0.722)	161	0.533
13	农副食品加工业	0.169*** (0.008)	0.155*** (0.014)	0.0713*** (0.010)	0.0536*** (0.011)	0.319*** (0.015)	−3.757*** (0.122)	4 774	0.632
14	食品制造业	0.201*** (0.014)	0.0917*** (0.021)	0.0359** (0.016)	0.0269* (0.015)	0.420*** (0.026)	−4.425*** (0.216)	1 928	0.620
15	酒、饮料和精制茶制造业	0.195*** (0.014)	0.201*** (0.021)	0.0747*** (0.014)	0.0271* (0.015)	0.308*** (0.023)	−3.982*** (0.177)	1 759	0.724
16	烟草制品业	0.035 (0.066)	0.323** (0.132)	−0.015 (0.070)	0.131 (0.083)	0.519*** (0.158)	−5.231*** (1.384)	77	0.583
17	纺织业	0.116*** (0.009)	0.243*** (0.015)	0.0673*** (0.009)	0.0827*** (0.009)	0.350*** (0.015)	−3.613*** (0.130)	4 904	0.672
18	纺织服装、服饰业	0.105*** (0.018)	0.134*** (0.032)	0.040 (0.027)	0.001 (0.021)	0.487*** (0.040)	−4.410*** (0.328)	748	0.638

行业代码	行业名称	lgGIOV	lgCAPA	lgCODR	lgNH₃NR	lgWAST	常数	观测值	R-s
19	皮革、毛皮、羽毛及其制品和制鞋业	0.240*** (0.018)	0.139*** (0.027)	0.080 4*** (0.027)	0.027 (0.026)	0.341*** (0.035)	−4.044*** (0.310)	1 045	0.579
20	木材加工和木、竹、藤、棕、草制品业	0.280*** (0.051)	0.088 (0.063)	0.034 (0.044)	0.038 (0.045)	0.390*** (0.067)	−4.976*** (0.609)	232	0.562
21	家具制造业	0.035 (0.061)	0.250*** (0.095)	−0.019 (0.066)	−0.038 (0.072)	0.317*** (0.098)	−2.688*** (0.931)	126	0.418
22	造纸和纸制品业	0.327*** (0.012)	0.185*** (0.017)	0.091 2*** (0.013)	0.024 1** (0.010)	0.313*** (0.018)	−4.898*** (0.161)	2 654	0.744
23	印刷和记录媒介复制业	0.188** (0.078)	0.121* (0.071)	0.007 (0.094)	0.038 (0.082)	0.424*** (0.114)	−4.391*** (1.041)	145	0.508
24	文教、工美、体育和娱乐用品制造业	0.068 4* (0.036)	0.056 (0.049)	0.089 9* (0.049)	−0.001 (0.041)	0.368*** (0.062)	−2.679*** (0.563)	282	0.441
25	石油加工、炼焦和核燃料加工业	0.324*** (0.029)	0.205*** (0.046)	0.039 (0.045)	0.032 (0.041)	0.452*** (0.046)	−6.549*** (0.336)	734	0.744
26	化学原料和化学制品制造业	0.295*** (0.011)	0.123*** (0.015)	0.123*** (0.010)	0.000 (0.010)	0.365*** (0.015)	−4.736*** (0.130)	5 058	0.686
27	医药制造业	0.232*** (0.017)	0.220*** (0.026)	0.099 6*** (0.018)	0.068 9*** (0.017)	0.239*** (0.027)	−3.403*** (0.231)	1 915	0.588
28	化学纤维制造业	0.164*** (0.030)	0.271*** (0.064)	0.126*** (0.044)	0.070 0* (0.036)	0.333*** (0.068)	−4.281*** (0.564)	279	0.769
29	橡胶和塑料制品业	0.128*** (0.024)	0.061 (0.040)	0.069 1** (0.028)	0.042 (0.029)	0.348*** (0.047)	−2.870*** (0.398)	590	0.530

行业代码	行业名称	lgGIOV	lgCAPA	lgCODR	lgNH₃NR	lgWAST	常数	观测值	R-s
30	非金属矿物制品业	$0.076\,0^{***}$ (0.021)	0.196^{***} (0.028)	0.027 (0.021)	-0.012 (0.018)	0.506^{***} (0.030)	-4.964^{***} (0.258)	1 363	0.584
31	黑色金属冶炼和压延加工业	0.283^{***} (0.034)	0.123^{***} (0.038)	0.103^{***} (0.033)	0.038 (0.028)	0.367^{***} (0.041)	-4.936^{***} (0.315)	607	0.802
32	有色金属冶炼和压延加工业	0.135^{***} (0.026)	0.179^{***} (0.041)	-0.012 (0.027)	$0.054\,9^{***}$ (0.020)	0.439^{***} (0.044)	-4.171^{***} (0.340)	799	0.554
33	金属制品业	0.006 (0.012)	0.195^{***} (0.019)	-0.010 (0.018)	$0.053\,0^{***}$ (0.016)	0.519^{***} (0.023)	-3.425^{***} (0.193)	2 940	0.557
34	通用设备制造业	0.024 (0.027)	0.157^{***} (0.043)	0.107^{***} (0.033)	-0.002 (0.033)	0.417^{***} (0.045)	-3.096^{***} (0.392)	695	0.491
35	专用设备制造业	0.058 (0.039)	0.243^{***} (0.053)	0.149^{***} (0.045)	-0.009 (0.039)	0.227^{***} (0.060)	-2.130^{***} (0.528)	373	0.458
36	汽车制造业	0.160^{***} (0.028)	0.153^{***} (0.040)	$0.059\,1^{**}$ (0.030)	0.026 (0.028)	0.449^{***} (0.046)	-4.650^{***} (0.396)	745	0.579
37	铁路、船舶、航空航天和其他运输设备制造业	$0.077\,0^{**}$ (0.036)	0.126^{**} (0.053)	0.034 (0.039)	-0.017 (0.037)	0.416^{***} (0.053)	-3.369^{***} (0.456)	413	0.524
38	电气机械和器材制造业	$0.074\,1^{***}$ (0.028)	0.272^{***} (0.044)	0.036 (0.034)	0.032 (0.031)	0.336^{***} (0.047)	-2.992^{***} (0.388)	616	0.562
39	计算机、通信和其他电子设备制造业	$0.047\,8^{***}$ (0.017)	0.291^{***} (0.029)	0.032 (0.023)	$0.069\,0^{***}$ (0.021)	0.366^{***} (0.031)	-2.780^{***} (0.263)	1 513	0.608

行业代码	行业名称	lgGIOV	lgCAPA	lgCODR	lgNH$_3$NR	lgWAST	常数	观测值	R-s
40	仪器仪表制造业	0.053 (0.058)	0.206** (0.093)	-0.018 (0.079)	0.016 (0.077)	0.308*** (0.095)	-2.266** (0.917)	146	0.354
41	其他制造业	0.066 2* (0.038)	0.122** (0.058)	-0.003 (0.052)	0.030 (0.045)	0.457*** (0.077)	-3.405*** (0.678)	301	0.457
42	废弃资源综合利用业	0.249*** (0.081)	0.183* (0.104)	-0.177* (0.103)	0.138 (0.097)	0.302** (0.138)	-3.168*** (1.182)	98	0.392
43	金属制品、机械和设备修理业	0.065 (0.076)	0.178 (0.116)	0.076 (0.109)	0.030 (0.095)	0.503*** (0.140)	-4.468*** (1.194)	67	0.729

注：*** $p < 0.01$，** $p < 0.05$，* $p < 0.1$。

5.3.8　边际处理成本

边际减排成本函数为[202, 204]

$$MC_C = \frac{\partial \mathrm{Cost}}{\partial \mathrm{CODR}} = \varphi \cdot \mathrm{Cons} \cdot \mathrm{GIOV}^{\alpha} \cdot \mathrm{CAPA}^{\beta} \cdot \mathrm{CODR}^{\varphi - 1} \cdot \mathrm{NH_3NR}^{\phi} \cdot \mathrm{WAST}^{\psi}$$

（5-12）

$$MC_N = \frac{\partial \mathrm{Cost}}{\partial \mathrm{NH_3NR}} = \varphi \cdot \mathrm{Cons} \cdot \mathrm{GIOV}^{\alpha} \cdot \mathrm{CAPA}^{\beta} \cdot \mathrm{CODR}^{\varphi} \cdot \mathrm{NH_3NR}^{\phi - 1} \cdot \mathrm{WAST}^{\psi}$$

（5-13）

结合表 5-9 中的回归系数及式（5-9）和式（5-10），可得每个企业针对 COD、NH₃-N 这两种污染物的边际减排成本。将这些企业按照行业归类，求得每个行业的平均边际减排成本，如表 5-10 所示。

表 5-10　行业边际减排成本　　　　　单位：万元/t

行业代码	行业名称	COD	NH₃-N
6	煤炭开采和洗选业	0.52	13.44
7	石油和天然气开采业	0.72	17.00
8	黑色金属矿采选业	2.08	12.42
9	有色金属矿采选业	1.87	38.66
10	非金属矿采选业	0.57	19.11
11	开采辅助活动	3.93	37.65
13	农副食品加工业	0.14	3.55
14	食品制造业	0.25	6.47
15	酒、饮料和精制茶制造业	0.22	3.24
16	烟草制品业	2.88	11.91
17	纺织业	0.33	12.44
18	纺织服装、服饰业	0.52	1.05
19	皮革、毛皮、羽毛及其制品和制鞋业	0.46	2.48
20	木材加工和木、竹、藤、棕、草制品业	0.44	11.43
21	家具制造业	0.34	1.61
22	造纸和纸制品业	0.14	7.46

行业代码	行业名称	COD	NH₃-N
23	印刷和记录媒介复制业	0.54	12.05
24	文教、工美、体育和娱乐用品制造业	1.69	7.50
25	石油加工、炼焦和核燃料加工业	1.02	2.36
26	化学原料和化学制品制造业	5.68	13.37
27	医药制造业	0.62	10.84
28	化学纤维制造业	0.31	14.83
29	橡胶和塑料制品业	0.94	14.26
30	非金属矿物制品业	2.84	1.79
31	黑色金属冶炼和压延加工业	1.65	20.93
32	有色金属冶炼和压延加工业	2.92	37.19
33	金属制品业	1.50	26.34
34	通用设备制造业	2.14	5.36
35	专用设备制造业	1.63	1.66
36	汽车制造业	0.73	10.44
37	铁路、船舶、航空航天和其他运输设备制造业	1.34	8.40
38	电气机械和器材制造业	1.46	15.32
39	计算机、通信和其他电子设备制造业	1.25	21.05
40	仪器仪表制造业	1.32	4.08
41	其他制造业	0.54	14.62
42	废弃资源综合利用业	3.62	49.08
43	金属制品、机械和设备修理业	0.79	6.09

5.3.9　地区边际损害

回顾 4.5.3 中构建的社会总收益模型：

社会总收益＝社会总收入−总的生产成本−减排投资−对环境造成的损害

人们在利用环境消纳污染物能力的同时，污染物也会给环境带来一些改变。过量排放的污染物导致环境的某些功能改变。在做成本收益分析时，需要知道污染带来的损失。污染带来的损失最明显的是对人类健康的影响，受污染的空气和水会在人暴露或接触时引起疾病。其他的损害包括享受户外活动乐趣的丧失，对植被、动物、材料的损害。评估该损害等级需要按以下步骤：确定受影响的类别；估算污染物排放与造成损害之间的物理联系及损害类别；估计受影响的各方对减轻或避免一部分损害的反应；对物理损失的赔偿。要完成其中的每一步都举步维艰。

在计算污染物排放对环境造成的损害时，应考虑两个方面：对人体健康的影响和对生态环境服务功能的影响。对于水污染物这种非均质混合的污染物来讲，无论是对人的影响还是对生态环境的影响，都与其排放源所在的位置有关系。排放源所在地区的环境功能区决定了其遵循何种污染物排放标准，受排放源影响的是在其影响范围之内生活的人和周围的生态环境。由于在本研究中未涉及污染源地理坐标的定位，因此，尚未能进一步计算污染物排放对人体健康的影响及其对周围生态环境的影响，污染物排放对环境造成的损害，在本研究中以去除排放到环境中的污染物需要的处理成本替代。

但是，本研究仍考虑了污染源空间异质性的问题。考虑到每个地区有不同的行业构成，相同行业不同规模、生产效率的企业排放，在计算单位污染物造成的平均损害时，将该地区所有的污染源视为一个样本集，计算了该地区污染物的平均处理成本，如表 5-11 所示。

表 5-11　污染物地区边际处理成本　　　　　单位：万元/t

编号	地区名称	COD	NH_3-N	编号	地区名称	COD	NH_3-N
1	湖北	3.87	16.54	17	山东	0.79	8.49
2	浙江	3.84	16.65	18	河北	0.75	10.23
3	新疆	3.69	18.96	19	天津	0.72	7.72
4	福建	2.02	13.76	20	陕西	0.71	3.86
5	黑龙江	1.91	17.98	21	山西	0.69	4.87
6	辽宁	1.55	21.43	22	宁夏	0.64	5.41
7	贵州	1.49	11.33	23	吉林	0.55	13.38
8	内蒙古	1.33	13.84	24	海南	0.54	17.76
9	江苏	1.22	12.03	25	河南	0.5	6.46
10	江西	1.21	9.81	26	广西	0.5	9.18
11	广东	1.21	11.64	27	湖南	0.46	7.33

编号	地区名称	COD	NH₃-N	编号	地区名称	COD	NH₃-N
12	四川	1.2	10.45	28	上海	0.41	5.02
13	安徽	1.17	12.8	29	甘肃	0.41	8.24
14	西藏	1.09	22.31	30	云南	0.29	15.66
15	重庆	0.98	10.3	31	青海	0.21	3.99
16	北京	0.87	8.22				

实际上，模型中应体现的除了对环境造成损害的成本之外，还应有污染物排放减少给环境带来的正向收益。同样是由于未涉及污染源地理定位的问题，正向收益部分暂未体现在模型中，在今后的研究中将会陆续实现。

5.4　模拟结果

本节将按照排放权初始配额价格、该价格对应的污染物排放量、对企业的影响、对行业的影响几个方面来叙述。

5.4.1　排放权初始配额价格

图 5-1 展示了各地区 COD 和 NH₃-N 的排放权初始配额有偿使用价格。图 5-2 和图 5-3 展示了计算得到的初始配额有偿使用价格与部分试点地区现实中采用的有偿使用价格对比。与现实中部分试点地区的有偿使用价格相比，除了山西和陕西的 COD 试点价格高于计算价格，其他地区都是计算价格偏高。对于 NH₃-N 价格来说，仅有湖北的试点价格高于计算价格，其他地区也同样是计算价格偏高。但是，需要强调的是，因为现实中的有偿使用价格计算依据与本研究的计算方法不同，所以在此不就两种价格的高低进行比较讨论。

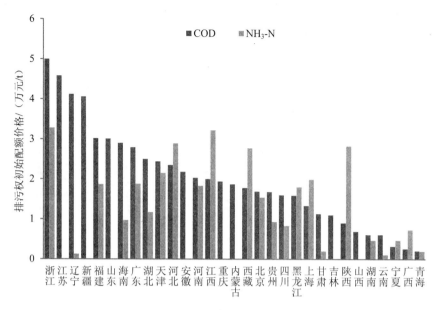

图 5-1　排放权初始配额价格

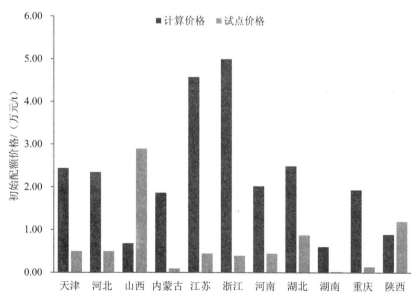

图 5-2　COD 计算初始配额价格与部分试点地区实际价格对比

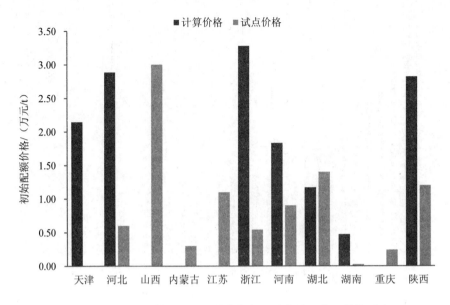

图 5-3　NH₃-N 计算初始配额价格与部分试点地区实际价格对比

5.4.2　最优社会总收益

在有偿使用价格模型中，优化目标是社会总收益最优，因此社会总收益是该研究关注的一个重要的因素。图 5-4 展示了社会总收益结果。跟现实情景下的社会总收益比起来，收取有偿使用费后的社会总收益约为 50%。这是因为在现阶段的模型研究中，仅考虑了污染物排放对环境造成的损害，尚未考虑污染物减少排放对环境的收益，如生态服务功能、环境对人体健康的影响等；这些部分会在将来的研究中实现。

5.4.3　最佳污染物排放量

图 5-5 展示了有偿使用政策执行后污染物 COD 的最佳排放量与现实情况中的 COD 排放量对比。结果出乎意料，并不是所有的地区在有偿使用政策执行后污染物排放量就一定会下降。浙江、广东、江苏、山东、福建这五个地区，污染

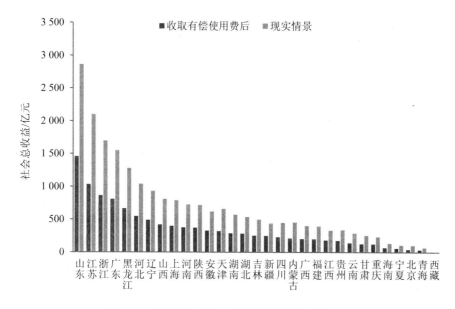

图 5-4　政策执行后与现实情景的最优社会总收益

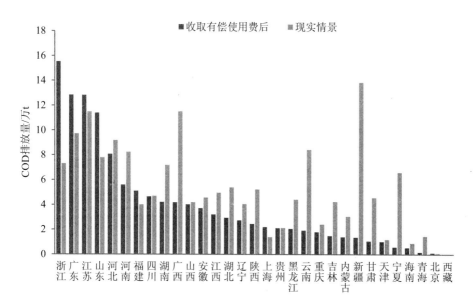

图 5-5　政策执行后与现实情景的 COD 排放量对比

物排放量对比现实情景增加了。其他地区排放量下降程度不一。而图 5-6 展示的 NH_3-N 排放量趋势却跟 COD 有很大不同。除了湖南、内蒙古、新疆、甘肃、宁夏几个地区，其他地区的 NH_3-N 排放量均是增加的。关于江苏省太湖流域排放权有偿使用政策的研究结果表明，排放权有偿使用政策实施范围内的企业 COD 排放量在政策实施后相较于对照组企业显著下降，其平均下降幅度多于 12%[42]。实证研究证明有偿使用政策的确会使污染物排放量下降，而出现污染物排放量上升与模型的假设有关。在研究背景部分为排放权初始配额定价的方法，多是基于静态的假设，即没有考虑企业本身对于价格的反馈。而本研究的模型中，考虑了企业面对不同有偿使用价格做出的行为选择，包括调整产品产量、选择追加污染减排投资，以及以上两种行为兼有的策略。在企业和管理者双方参与的定价模型中，企业除了被动接受为排放配额支付费用，还能采取一些其他对策。COD 排放量升高的地区，企业使用单位初始配额带来的收益高于配额价格，因此选择多排放污染物。

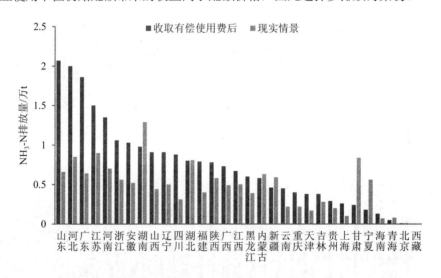

图 5-6 政策执行后与现实情景的 NH_3-N 排放量对比

而 NH_3-N 普遍排放量增加跟 COD 排放增加的原因不尽相同。

这种现象与每个地区的企业主要排放污染物种类构成不同及污染物处理设

施针对的主要污染物有关。因为本研究使用的是 2013 年数据，而当时由于监管成本等原因，我国对 NH_3-N 监管较松，企业的污染物处理设施工艺主要针对的是 COD 可从处理设施对污染物的处理效率推断得出，NH_3-N 的去除效果只是"协同"实现。

那么在该模型假设中，若企业决定增加投资提高污染物处理设施的处理效率，那么投资将作用在其现有的处理设施之上，提高现有处理设施的处理效率，而非增加新的处理设施，或是针对另一种污染物建设新的处理设施，所以就造成了氨氮排放量上升的结果。

这样的假设与现实有差距，但在模型中刻画增加新的处理设施或新工艺，却不是一件容易的事。因为增加新的处理设施，需要考虑的因素很多，比如企业污染物产生量、产生浓度对处理工艺的限制，新工艺的效率是否能超过旧有工艺，新工艺能否在现有工艺的构筑物上实施，是否需要增加土建成本等这一系列的问题，都必须针对具体案例讨论，不能一概而论，所以模型中假设将增加的投资都作用在提高原有处理设施效率上，这样一来，在模拟中，假如一个企业选择提高产品产量、增加污染减排投资提升污染物处理设施处理能力，那么相应的 NH_3-N 产生量增加，但是，污染物处理设施针对 NH_3-N 的处理能力并没有相应提升，这就导致 NH_3-N 的排放量较之前有增长，所以，这种结果是一个预警，现有处理设施针对 NH_3-N 处理能力不足，若不增加处理设施，即使收取有偿使用费后，NH_3-N 污染物排放量将会上升。

5.4.4　对企业行为的影响

在有偿使用价格信号下，企业都会给出对策，来确保收益最大。无论是增加污染减排投资还是选择停产，都是企业为了确保收益最大而做出的努力。图 5-7 中展示的结果，广东、浙江、江苏位于地区间选择投资的企业数量的前三位；而图 5-8 中，选择停产的企业数量也是浙江、广东、江苏位列前三。

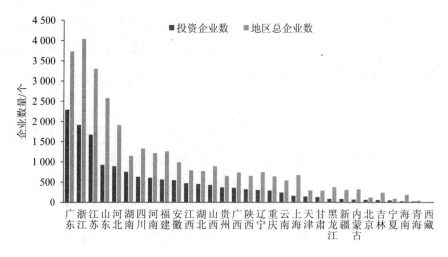

图 5-7　按地区投资企业数与总企业数对比

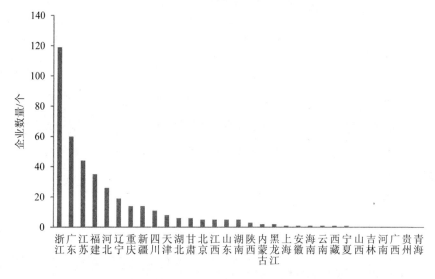

图 5-8　按地区停产企业数

　　按照行业来说，化学原料和化学制品制造业、农副食品加工业、纺织业是选择污染减排投资的前三名行业，如图 5-9 所示，其中仅展示投资企业数大于 100 的行业。同时纺织业、农副食品加工业以及造纸和纸制品业是选择停产企业数量的前三名，如图 5-10 所示，仅展示停产企业数大于 10 的行业。

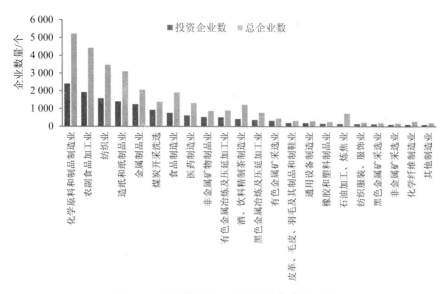

图 5-9　按行业投资企业数与总企业数对比

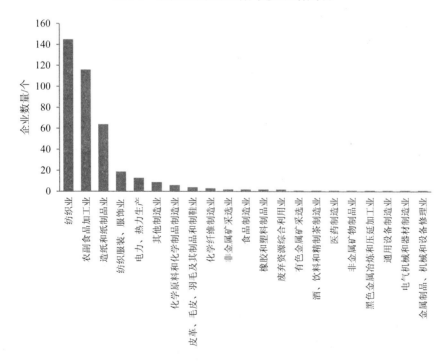

图 5-10　按行业停产企业数

5.5　本章小结

　　本章采用第 4 章构建的理论模型及扩展的多污染物有偿使用价格模型，利用第 4.7 节设计的实现算法，使用中国环境统计数据库 2013 年数据中的 30 865 个可用的企业样本，计算了在能达到最优社会收益时的最佳污染物排放量及相应的污染物排放有偿使用价格。除此之外，模型还给出了有偿使用政策对企业选择进行污染减排投资或选择停产的行为的影响，分别以区域和行业两个尺度进行展示。

　　根据结果可知，在企业可选自由选择对策的模型中，对于经济发达的地区，如果没有污染排放量的限制，仅使用有偿使用政策可能无法促使污染物减排。而对于某些原本处理设施不足、处理能力不够的污染物来说，企业选择的对策会让该污染物排放量增加。

第 6 章
排放权有偿使用政策效果分析

　　有偿使用执行后的政策效果评估能有效检验政策设计是否实现其政策设定目标。在我国的环境政策框架体系中，排放权有偿使用政策不是单独存在的，而是还有配套实施的标准法规、行政命令控制等政策手段。分析这些政策间是否存在协同效应，如果确实存在，那么在政策设计时应当考虑协同效应，有助于实现"事半功倍"的效果。本章将模拟以最优排放权配额价格执行后的政策效果，评价该价格设置是否能实现政策目标，分析其他相关政策是否存在协同效应，最终为完善环保税政策设计提供技术支持与参考。

6.1　政策情景设置

　　目前，在有偿使用政策推行的同时，我国还有已经执行的排污收费政策和总量控制政策。本研究要讨论这两种政策是否会对有偿使用政策效果产生影响，因此设置了不同的政策情景组合，以探讨这两种政策是否会产生影响。在模型中这些政策分别是以下形式在模型中体现的。

　　（1）有偿使用政策

　　有偿使用是针对企业向环境排放的污染物按排放量收取费用，在构建模型时这部分费用将被作为污染物排放成本纳入企业的生产成本中。

（2）排污收费政策

4.1 节的理论分析部分已经说明，排污收费和有偿使用都是针对污染物排放量收取的费用，尽管两者存在差异，排污收费是对污染损害进行补偿，有偿使用支付的是稀缺租金；但对于企业来说，两种都是需要支付的成本，是没有差异的。因此，需要将正在执行的政策考虑到模型中，检验正在执行的政策对有偿使用的价格是否会有影响，同时也希望能检验政策的动态一致性的问题。

（3）总量控制政策

在理想情况下，总量控制政策讨论的污染物总量是地域或空间的容量总量，但在现实中，总量控制政策执行的是目标总量。现行的总量控制政策，是一种"自上而下"的分配模式，一般是将目标总量分配给各个省，由各个省级行政区管理部门依据分配的总量来控制本区域内的污染物排放量，这种自上而下的总量分配模式，不能够将每个地区的总量细致地分配到每个企业，即给企业固定排放量，因为在企业的收益水平是不受限制的前提下，其污染物排放量根据其自身的生产情况而定，企业总是根据利益最大化来决定其产量。现实中，为企业规定排放量的是排污许可证制度。排污许可证规定了每个企业能够排放的污染物的量。管理者给企业发放一定数量的许可证，排放权交易政策使得企业可以在市场上交易排放权配额，企业可以通过排污交易购买或出售排放量，这样就造成了企业的实际排放量有可能超过许可证上规定的量。如果企业实际排放量超过规定量，现有政策是对企业超出部分进行处罚，也就是说，虽然规定了最大排放量，管理者仍然需要考虑企业事实上排放量超出的情况。Biglaiser 等[143]提出在总的污染物排放量超过其许可证规定量时，应当设置对超出的部分进行处罚的机制。在均衡条件下，一定存在一个处罚额度。如果总的排放量少于许可证总量，许可证的价格为零；在给定的假设中，管理者一直选择用许可证数量来约束总排放量，企业在不受管制的收益最大化水平下生产，这样不能达到均衡状态，因为至少会有个别企业在排放不需要成本时可以从增加产出中获得收益。因此，必须在总的污染物超出许可证发放总量时设置处罚机制。

在模型中使用罚函数（penalty function）来实现污染物排放量超过许可证发放量的处罚[207]。设计的罚函数见下式

$$F = \text{sum}(W) - \left| \text{sum}(W) \left[1 - \exp\left(-\frac{D_{gc}}{\text{cap}G_c} - \frac{D_{gn}}{\text{cap}G_n} \right) \right] \right| \tag{6-1}$$

式中，F —— 罚函数；

　　　sum（W）—— 某地区的社会总收益；

　　　D_{gc}，D_{gn} —— 某地区 COD、NH$_3$-N 的污染物排放总量与该地区的目标排放总量之差；

　　　capG_c，capG_n —— 某地区 COD、NH$_3$-N 的目标排放总量。

在本研究中设置四种情景：

（1）情景 1

情景 1（S1）实际上就是第 5 章里仅实施有偿使用政策时的情形。

当模型中仅有有偿使用政策的情形，企业排放污染物需支付的成本为：

$M_1 = \tau$

企业 i 的收益为

$$\Pi = \int_0^T \{ e^{-\rho t} [p^i x^i - w^i x^i - \tau g^i(x^i, K^i) - I^i] \} dt \tag{6-2}$$

汉密尔顿函数为

$$H^i = e^{-\rho t} [p^i x^i - w^i x^i - \tau g^i(x^i, K^i) - I^i] + \lambda I^i \tag{6-3}$$

$$H^i = e^{-\rho t} \{ p^i x^i - w^i x^i - \tau (a x^{i2} - b x^i K^i) - \tau C - I^i \} + \lambda I^i \tag{6-4}$$

$$H^i = e^{-\rho t} [p^i x^i - w^i x^i + \Delta_1 x^{i2} + \Delta_2 x^i K^i - \tau C - I^i] + \lambda I^i \tag{6-5}$$

其中

$$\Delta_1 = -\tau a \tag{6-6}$$

$$\Delta_2 = -\tau b \tag{6-7}$$

（2）情景 2

情景 2（S2）设置为有偿使用和排污收费政策同时执行的情形，企业分年缴

纳有偿使用费。在理论部分讨论过，排污收费支付的是企业使用环境容量资源排放污染物对环境造成的污染损失费用，有偿使用费支付的是企业因使用环境容量资源而得到的稀缺租金。这两种费用的性质不同，但在现实中却难以区分衡量。对于企业来讲，都是增加了企业为污染物排放支付的成本。换一个角度考虑这个问题，4.1 节中讨论了实现最佳排污量的收费，是由污染损失费用和稀缺租金两部分组成的，那么扣除既有排污收费，剩下的就是要求稀缺租金即有偿使用价格。有偿使用和排污收费政策同时执行，企业排放污染物需支付的成本为 $M_2 = r + \tau$。

根据式（4-84）可知企业 i 的收益为

$$\Pi = \int_0^T \{e^{-\rho t}[p^i x^i - w^i x^i - r_C g_C^i(x^i, K^i) - r_N g_N^i(x^i, K^i) - \tau_C g_C^i(x^i, K^i) - \tau_N g_N^i(x^i, K^i) - I^i]\}dt \tag{6-8}$$

汉密尔顿函数为

$$H^i = e^{-\rho t}[p^i x^i - w^i x^i - r_C g_C^i(x^i, K^i) - r_N g_N^i(x^i, K^i) - \tau_C g_C^i(x^i, K^i) - \tau_N g_N^i(x^i, K^i) - I^i] + \lambda I^i \tag{6-9}$$

为了方便讨论，将上式写为

$$H^i = e^{-\rho t}[p^i x^i - w^i x^i + \Delta_1 x^{i2} + \Delta_2 x^i K^i - MC - I^i] + \lambda I^i \tag{6-10}$$

其中

$$\Delta_1 = -(r_C + \tau_C)a_C - (r_N + \tau_N)a_N \tag{6-11}$$

$$\Delta_2 = -(r_C + \tau_C)b_C \eta_C^i - (r_N + \tau_N)b_N \eta_N^i \tag{6-12}$$

无约束最优解条件

$$\frac{\partial H^i}{\partial x} = e^{-\rho t}(p^i - w^i + 2\Delta_1 x^i + \Delta_2 x^i K^i) = 0 \tag{6-13}$$

$$\frac{\partial H^i}{\partial I} = -e^{-\rho t} + \lambda = 0 \tag{6-14}$$

$$\dot{\lambda} = -\frac{\partial H^i}{\partial K^i} = -e^{-\rho t} \cdot \Delta_2 x^i \qquad (6\text{-}15)$$

$$\lambda(tf) = 0 \qquad (6\text{-}16)$$

（3）情景 3

情景 3（S3）为有偿使用政策和总量控制政策同时执行。前面提到过，总量控制政策以罚函数的形式在算法中体现，在社会和企业收益函数中不直接体现，因此企业的收益函数与情景 1 相同。

（4）情景 4

情景 4（S4）为有偿使用政策、排污收费政策加上总量控制政策同时执行。与情景 3 原因相同，情景 4 的企业收益函数与情景 2 一致。

6.2 不同情景结果

6.2.1 排放权初始配额价格

有偿使用政策的核心是有偿使用价格，图 6-1 给出了实现社会总收益最优目标时各种情景中各地区排放权有偿使用的价格。

纵观结果，模型计算出的各地区最优有偿使用价格各不相同，不同情景之下也略有差异。分组对比四种情景下的有偿使用价格。情景 1 高于情景 2，情景 3 高于情景 4。推测这样结果与情景设置有关。情景 1 和情景 3 仅考虑有偿使用政策的情景，情景 2 和情景 4 除了考虑有偿使用政策外还考虑了排污收费政策。回顾第 4 章中讨论的针对最佳排污量的收费，是由污染损失费用和稀缺租金两部分组成的，扣除既有排污收费，剩下的就是有偿使用价格。那么情景 1 的价格高出情景 2 的价格，可以解释为情景 2 中支出的排污收费，情景 3 和情景 4 同理。

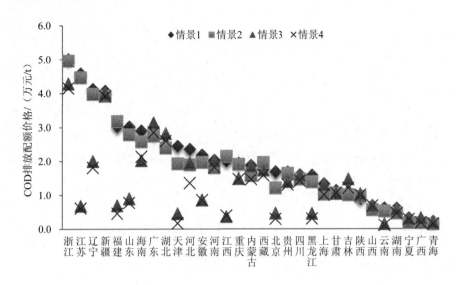

图 6-1　四种情形下各地区 COD 初始配额有偿使用价格

　　对于 $NH_3\text{-}N$ 来说，情景 1 的价格普遍低于情景 3，情景 2 普遍低于情景 4。在情景设置中，情景 3 和情景 4 都考虑了总量控制政策。当考虑总量控制政策时，该政策以各地区的目标总量为约束，模型计算最优解会以最佳排污量尽可能接近目标总量为原则。当 $NH_3\text{-}N$ 的排放量超过该地区的污染物排放总控制量时，超过总量的部分会受到"处罚"，因此，考虑总量控制政策时的 $NH_3\text{-}N$ 价格会高于不考虑总量控制时的价格（图 6-2）。

　　从结果可以看出，部分地区的 $NH_3\text{-}N$ 价格为零。回顾最初建立模型的阶段，在模型中将 COD 和 $NH_3\text{-}N$ 的有偿使用价格设置为两个独立的变量，希望能找到实现最优社会总收益的有偿使用价格。企业调整产品产量的同时，污染物产生量也随之发生变化。根据其所在企业及生产工艺的不同，有的产品是同时产生 COD 和 $NH_3\text{-}N$ 两种污染物[①]，但另一些产品仅产生单一污染物[②]。对于同时产生两种

[①] 其中一种污染物为主要污染物，另外一种为伴生污染物。
[②] 这里的"单一污染物"，仅针对本研究关注的 COD 和 $NH_3\text{-}N$ 两种污染物而言。

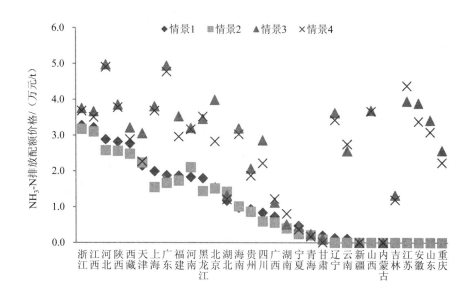

图 6-2 四种情形下各地区 NH_3-N 初始配额有偿使用价格

污染物的产品来说，假如该企业调整产品产量，两种污染物的产生量都会发生变化，而且这个变化趋势是共线的。如果控制其中一种污染物产生量，另外一种污染物的产生量也随之变化。对于这样的企业来说，对其主要污染物进行有偿使用收费以控制其排放量，另外一种伴生污染物也会得到控制。所以模型给出了这样的模拟结果：如果该地区大部分企业是 COD 和 NH_3-N 同时产生的，那么仅对 COD 收取有偿使用费，或者根据该地区仅产生 NH_3-N 的企业占比对 NH_3-N 收取少量的有偿使用费，即可实现该地区的社会总收益最优。这就解释了为什么部分地区 NH_3-N 价格低于 COD 价格，甚至为零。

图 6-3 和图 6-4 分别展示了 COD 和 NH_3-N 两种污染物的情景 1 与情景 2、情景 3 与情景 4 有偿使用价格之差与排污收费价格的对比。若两种情景有偿使用价格之差等于排污收费价格，那么即证实了前面的假设：为实现社会总收益最优时的最佳排污量，企业应支付的污染物排放成本中包括对环境造成的损害补偿及企业因使用环境容量资源获得的稀缺租金，现实中仅以排污收费的形式对企业收

取了环境损害补偿，而因使用环境容量资源带来的稀缺租金却没有收取。本研究采用的计算模型计算了扣除排污收费之后的稀缺租金，现在拟实行的有偿使用政策弥补了缺失的稀缺租金部分。

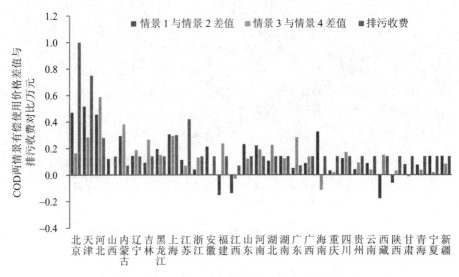

图 6-3　COD 两情景价格差值与排污收费价格对比

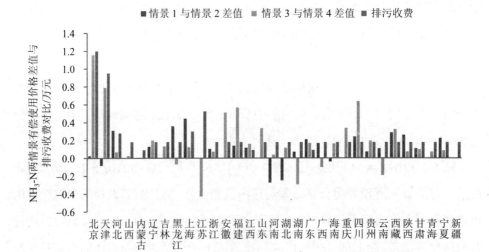

图 6-4　NH₃-N 两情景价格差值与排污收费价格对比

　　为了证实情景 1 与情景 2，情景 3 与情景 4 之间的价格差异即为排污收费造成的差异，分别对情景 1 与情景 2 和情景 3 与情景 4 的有偿使用价格差值和排污收费价格做 t 配对检验，结果如表 6-1 所示。由 t 配对检验结果可知，两种污染物的有偿使用价格在情景 1 与情景 2、情景 3 与情景 4 下的差值与排污收费值无差异。

表 6-1　情景 1 与情景 2、情景 3 与情景 4 的有偿使用价格差和排污收费的配对 t 检验

变量	COD			NH$_3$-N		
	Obs	MeanDiff	t	观测量	均值差	t
S1–S2	31	10.155 89	$t = 0.913\ 7$	31	4 361.168	$t = 1.001\ 6$
S3–S4	31	49.167 17	$t = 1.346\ 6$	31	−7.652 266	$t = -1.647\ 1$
S1–S3	31	3 423.794	$t = 2.072\ 9^{**}$	31	4 480.461	$t = 1.022\ 2$
S2–S4	31	3 462.806	$t = 2.098\ 0^{**}$	31	111.641	$t = 0.902\ 9$

注：*** $p < 0.01$，** $p < 0.05$，* $p < 0.1$。

　　那么可得出，两种情景下的有偿使用价格，实现了相同的最优社会收益。实证结果支持了前面排放权有偿使用费的理论基础：两种情景的有偿使用价格差值应当是排污收费的价格，该结果体现了这种差异。

6.2.2　最优社会总收益

　　表 6-2 展示了四种政策情景下的最优社会总收益。将四种政策情景下的最优社会总收益的均值与现实情形做对比，如图 6-5 所示。

表 6-2　最优社会总收益　　　　　　　　　　　　　　　　　单位：亿元

地区代码	区域	情景 1	情景 2	情景 3	情景 4	基准情景
11	北京	44	44	44	44	105
12	天津	322	322	322	322	660
13	河北	548	548	543	542	1 041
14	山西	420	420	420	420	811

地区代码	区域	情景 1	情景 2	情景 3	情景 4	基准情景
15	内蒙古	212	212	213	212	455
21	辽宁	490	490	488	488	934
22	吉林	254	254	255	255	498
23	黑龙江	666	666	666	666	1 280
31	上海	399	399	390	390	791
32	江苏	1 035	1 035	949	949	2 101
33	浙江	867	867	815	816	1 696
34	安徽	328	328	316	316	619
35	福建	201	201	203	203	396
36	江西	183	183	182	182	332
37	山东	1 457	1 457	1 282	1 282	2 863
41	河南	377	377	371	371	728
42	湖北	283	283	281	281	538
43	湖南	289	289	290	290	571
44	广东	810	810	775	775	1 551
45	广西	204	204	201	201	401
46	海南	70	70	70	70	136
50	重庆	125	125	123	123	236
51	四川	231	231	221	221	448
52	贵州	177	177	177	177	338
53	云南	142	142	133	133	291
54	西藏	1	1	1	1	2
61	陕西	372	372	371	371	720
62	甘肃	128	128	128	128	256
63	青海	37	37	37	37	70
64	宁夏	61	61	61	61	110
65	新疆	251	251	251	251	439

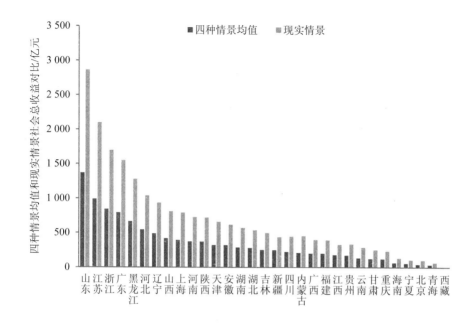

图 6-5　四种情景均值社会总收益和现实情景对比

6.2.3　最佳污染物排放量

各种情景下的污染物排放量如表 6-3 所示。

表 6-3　四种情形下各地区的污染物排放量　　　　单位：t

地区代码	区域	情景 1		情景 2		情景 3		情景 4		基准情景	
		COD	NH₃-N	COD	NH₃-N	COD	NH₃-N	COD	NH₃-N	COD	NH₃-N
11	北京	1 159	143	1 161	141	1 168	138	1 166	140	916	96
12	天津	10 326	3 759	10 326	3 763	10 273	3 911	10 268	3 911	12 002	1 709
13	河北	80 764	19 959	80 855	19 971	74 638	18 841	74 625	18 897	92 007	8 474
14	山西	40 265	9 117	40 266	9 119	40 102	9 022	40 109	9 056	42 133	4 441
15	内蒙古	13 984	5 810	13 951	5 811	13 971	6 120	13 984	6 110	30 474	6 263
21	辽宁	27 400	9 139	27 400	9 127	27 085	9 461	26 941	9 426	40 654	4 987
22	吉林	14 861	3 837	14 862	3 837	15 193	4 022	15 147	4 036	42 404	2 813

地区代码	区域	情景 1		情景 2		情景 3		情景 4		基准情景	
		COD	NH$_3$-N	COD	NH$_3$-N	COD	NH$_3$-N	COD	NH$_3$-N	COD	NH$_3$-N
23	黑龙江	20 632	5 992	20 668	5 993	21 137	6 249	21 167	6 247	44 309	3 949
31	上海	22 134	2 569	22 058	2 570	20 019	2 566	19 967	2 561	13 983	966
32	江苏	128 312	15 048	128 304	15 061	102 508	14 121	102 448	14 137	115 037	8 961
33	浙江	155 467	10 636	155 553	10 774	119 507	9 709	119 499	9 782	73 080	5 619
34	安徽	37 067	10 327	37 102	10 412	36 759	10 423	36 728	10 409	45 817	5 240
35	福建	51 086	7 934	50 911	7 873	45 452	6 457	45 480	6 492	40 235	4 042
36	江西	32 110	6 673	32 095	6 672	32 484	6 775	32 442	6 791	49 708	4 958
37	山东	113 954	20 669	113 884	20 698	107 537	18 641	107 534	18 680	77 994	6 647
41	河南	56 037	13 531	56 207	13 575	57 344	14 243	57 385	14 253	82 472	7 029
42	湖北	29 425	7 981	29 376	7 977	30 499	8 454	29 376	8 477	53 973	8 104
43	湖南	42 159	9 842	42 142	9 830	42 720	10 657	42 699	10 630	71 855	12 893
44	广东	128 498	18 628	128 462	18 616	99 942	16 720	99 926	16 766	97 392	6 398
45	广西	41 922	7 306	41 883	7 302	43 067	7 744	43 082	7 774	115 190	4 870
46	海南	5 439	1 284	5 428	1 292	5 482	1 384	5 411	1 378	8 974	745
50	重庆	17 976	3 977	17 855	3 970	16 917	3 977	16 900	3 992	24 160	2 215
51	四川	46 621	8 842	46 611	8 372	45 025	8 761	45 045	8 750	47 135	3 128
52	贵州	21 160	2 918	21 137	2 904	18 063	2 963	18 026	2 961	21 393	2 044
53	云南	19 335	4 481	19 323	4 487	18 862	4 386	18 932	4 341	84 318	2 154
54	西藏	138	15	141	16	149	15	148	15	202	27
61	陕西	24 497	7 808	24 481	7 829	24 890	7 906	24 826	7 895	52 441	5 786
62	甘肃	10 714	2 444	10 747	2 493	11 312	2 632	11 347	2 633	45 730	8 350
63	青海	1 768	470	1 776	468	1 839	504	1 831	508	14 597	757
64	宁夏	5 883	1 786	5 888	1 764	6 182	1 891	6 188	1 886	66 028	5 577
65	新疆	13 719	4 632	13 642	4 643	14 546	4 971	14 519	4 964	138 617	5 895

　　不同的社会最优收益对应着不同的污染物排放量，最优社会收益下的排放量为最佳污染物排放量。为了能直观地观察有偿使用政策带来的污染物排放量的变化，我们分别将 COD 和 NH$_3$-N 两种污染物在四种情景下的排放量均值和基准情景进行对比，如图 6-6 和图 6-7 所示。

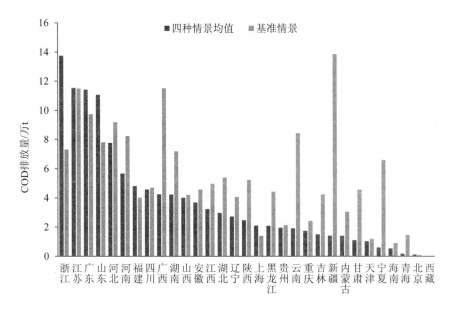

图 6-6　四种情景均值和基准情景 COD 排放量对比

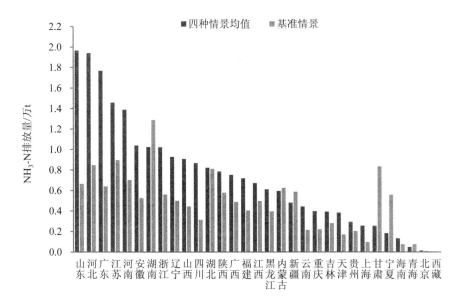

图 6-7　四种情景均值和基准情景 NH₃-N 排放量对比

从图可以看出，对比基准情景，收取了有偿使用费后大部分地区的 COD 排放量都有不同程度的下降。但是，北京、上海、江苏、浙江、福建、山东、广东这七个地区，COD 排放量却是上升的。除了内蒙古、湖北、湖南、西藏、甘肃、青海、宁夏、新疆外，剩下的地区即使在缴纳有偿使用费之后 COD 排放量呈上升或下降的趋势，但该地区 NH_3-N 的排放却是普遍上升的。

6.2.4 对企业行为的影响

有偿使用政策的目标之一是希望能够刺激企业增加污染减排投资、减少污染物排放。因此是否能对企业污染排放行为有影响也是考量有偿使用政策的指标之一。有偿使用价格模型的模拟结果给出了不同情景下选择增加污染减排投资和选择停产的企业数量信息（企业计划的产品产量为零即认为该企业选择停产），分别从按地区和按行业两个维度来展示。表 6-4 展示了各地区选择增加污染减排投资的企业数和选择停产的企业数以及按地区划分的总企业个数。

表 6-4 有偿使用政策对企业投资/停产决策行为的影响 单位：个

地区代码	地区	情景 1		情景 2		情景 3		情景 4		地区总企业数
		投资企业数	停产企业数	投资企业数	停产企业数	投资企业数	停产企业数	投资企业数	停产企业数	
11	北京	64	5	60	4	68	1	61	1	121
12	天津	146	8	149	8	149	15	146	16	297
13	河北	892	26	896	26	888	31	911	32	1 913
14	山西	430	0	429	1	413	1	412	1	890
15	内蒙古	70	2	74	1	69	0	63	0	324
21	辽宁	304	19	307	19	302	28	308	29	745
22	吉林	60	0	62	1	55	2	51	2	239
23	黑龙江	86	2	94	1	80	1	86	1	372
31	上海	164	1	162	1	146	11	148	11	673
32	江苏	1 673	44	1 679	45	1 736	65	1 738	67	3 297
33	浙江	1 916	119	1 871	118	1 961	141	1 954	139	4 038
34	安徽	546	1	543	0	535	23	536	23	987
35	福建	564	35	559	35	594	71	595	72	1 257
36	江西	472	5	473	5	462	0	468	1	790
37	山东	923	5	911	7	918	89	930	88	2 575

地区代码	地区	情景 1		情景 2		情景 3		情景 4		地区总企业数
		投资企业数	停产企业数	投资企业数	停产企业数	投资企业数	停产企业数	投资企业数	停产企业数	
41	河南	608	0	598	2	591	5	583	5	1 212
42	湖北	454	6	462	5	458	26	452	27	772
43	湖南	754	5	757	5	750	1	747	2	1 145
44	广东	2 290	60	2 297	61	2 315	78	2 307	77	3 731
45	广西	359	0	366	0	355	1	354	2	737
46	海南	30	1	33	0	18	1	18	1	189
50	重庆	292	14	287	13	283	17	284	17	642
51	四川	630	11	632	11	638	18	638	18	1 328
52	贵州	370	0	373	1	352	1	355	1	653
53	云南	243	1	239	1	237	0	230	0	541
54	西藏	5	1	5	0	2	0	5	0	7
61	陕西	323	3	326	3	320	14	318	16	655
62	甘肃	130	6	120	6	116	0	110	1	291
63	青海	27	0	27	0	22	0	27	1	43
64	宁夏	51	1	51	0	53	0	51	1	94
65	新疆	84	14	87	12	82	0	77	0	307

图 6-8 展示了四种情景投资企业数均值与地区总企业数的对比。其中广东、浙江、江苏、山东、河北，位列投资企业数量前五位。但是对于停产企业来说，四种情景差别较大。图 6-9 分别展示情景 1、情景 2、情景 3、情景 4 的均值。可以看出情景 3、情景 4 的选择停产企业多于情景 1、情景 2 的选择停产的企业。回顾情景设置，情景 3、情景 4 中多了总量控制政策。

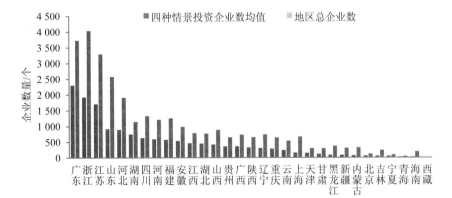

图 6-8 按地区四种情景下投资企业数均值与总企业数对比

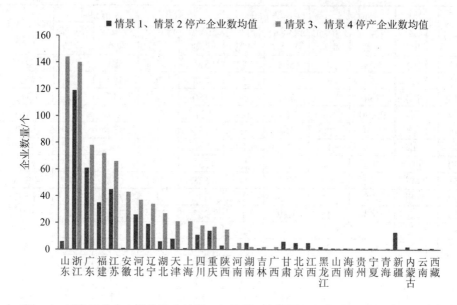

图 6-9　按地区停产企业数量在情景 1 与情景 2 和情景 3 与情景 4 两组情景下均值

　　除了从地区视角观测企业对有偿使用政策刺激的反应情况，还可从模型中得出全国各行业在不同情景下对有偿使用政策的反应。各行业在无/有总量控制政策时增加污染减排投资的企业数量和停产企业数量如表 6-5 所示。

　　为了更直观地观察结果，我们将四种情景的选择追加治理投资的企业数量取平均值，然后进行排序，单从数量上看，化学原料和化学制品制造业、农副食品加工业、纺织业、造纸和纸制品业、金属制品业位列选择追加污染治理投资的企业数量的前五位。同时也要说明，在选取的企业样本中，这五个行业的样本总数量也是占前五位的（图 6-10）。

　　再将四种情景下的关停企业数量平均值做排序，结果表明，纺织业、农副食品加工业、造纸和纸制品业这三个行业的关停企业数量排在前三位，意味着有偿使用政策出台后，受到影响最大的也是上述三个行业，同时也是我国 COD 和 NH_3-N 污染物排放的重点关注行业（图 6-11）。

表6-5 有偿使用政策对行业的影响

单位：个

行业代码	行业名称	情景1		情景2		情景3		情景4		行业总企业数
		追加治理投资企业数量	停产企业数量	追加治理投资企业数量	停产企业数量	追加治理投资企业数量	停产企业数量	追加治理投资企业数量	停产企业数量	
6	煤炭开采和洗选业	932	0	932	0	933	2	933	3	1 383
7	石油和天然气开采业	27	0	26	0	27	0	27	0	120
8	黑色金属矿采选业	139	0	136	0	140	0	141	0	197
9	有色金属矿采选业	329	1	327	1	328	7	328	8	460
10	非金属矿采选业	112	2	112	2	112	1	112	2	176
13	农副食品加工业	1 918	116	1 914	107	1 919	169	1918	167	4 428
14	食品制造业	761	2	759	2	761	0	759	2	1 907
15	酒、饮料和精制茶制造业	423	1	423	2	423	1	423	2	1 223
16	烟草制品业	12	0	12	0	12	19	12	19	24
17	纺织业	1 575	145	1 574	148	1 578	229	1 575	226	3 476
18	纺织服装、服饰业	147	19	147	21	147	7	147	13	220
19	皮革、毛皮、羽毛及其制品和制鞋业	202	4	202	4	202	4	202	6	322
20	木材加工和木、竹、藤、棕、草制品业	21	0	21	0	21	28	21	28	32
21	家具制造业	11	0	11	0	11	12	11	10	13
22	造纸和纸制品业	1 406	64	1 405	62	1 408	93	1 407	95	3 109
23	印刷和记录媒介复制业	30	0	30	0	30	0	30	0	53
24	文教、工美、体育和娱乐用品制造业	51	0	51	0	51	0	51	0	78
25	石油加工、炼焦和核燃料加工业	152	0	149	0	152	0	153	0	728
26	化学原料和化学制品制造业	2 401	6	2 399	6	2 401	5	2 401	7	5 221

行业代码	行业名称	情景1		情景2		情景3		情景4		行业总企业数
		追加治理投资企业数量	停产企业数量	追加治理投资企业数量	停产企业数量	追加治理投资企业数量	停产企业数量	追加治理投资企业数量	停产企业数量	
27	医药制造业	619	1	619	1	619	1	618	2	1 312
28	化学纤维制造业	110	3	110	3	110	1	110	3	293
29	橡胶和塑料制品业	166	2	165	2	166	1	166	1	262
30	非金属矿物制品业	533	1	531	1	534	2	533	2	873
31	黑色金属冶炼和压延加工业	373	1	372	1	376	1	374	1	777
32	有色金属冶炼和压延加工业	516	0	514	0	516	0	516	0	899
33	金属制品业	1 245	0	1 241	0	1 246	0	1 246	0	2 057
34	通用设备制造业	201	1	200	1	200	0	201	0	319
35	专用设备制造业	49	0	49	0	49	0	50	0	86
36	汽车制造业	70	0	70	0	70	0	70	0	122
37	铁路、船舶、航空航天和其他运输设备制造业	51	0	51	0	51	0	51	0	78
38	电气机械和器材制造业	71	1	71	1	71	0	71	0	101
39	计算机、通信和其他电子设备制造业	94	0	94	0	94	7	94	6	132
40	仪器仪表制造业	8	0	8	0	8	0	8	0	15
41	其他制造业	106	9	105	10	103	16	105	14	206
42	废弃资源综合利用业	53	2	53	2	53	2	53	2	96
43	金属制品、机械和设备修理业	11	1	11	2	11	0	11	0	12
44	电力、热力生产和供应业	35	13	35	13	35	33	35	33	55

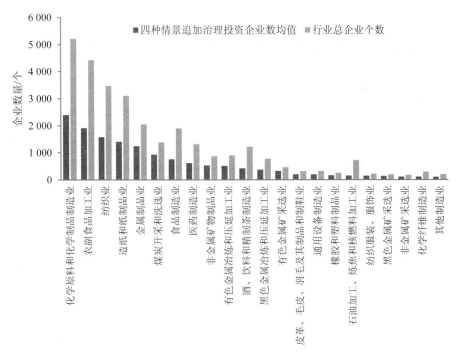

图 6-10　按行业四种情景下追加治理投资企业数均值与总企业数对比

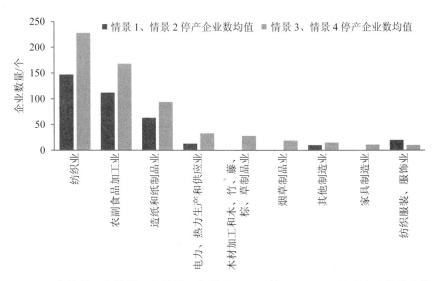

图 6-11　在情景 1 与情景 2 和情景 3 与情景 4 两组情景下按行业停产企业数量均值

6.3 政策效果的配对 *t* 检验

为了检验现有环境政策对有偿使用政策效果的影响，采用配对 *t* 检验来检测影响是否存在。分别将最优社会总收益、最佳污染物排放量、追加投资企业数量、停产企业数量的结果按照 S1 和 S2，S3 和 S4，S1 和 S3，S2 和 S4 两两配对，分别进行配对 *t* 检验。如图 6-12 所示，test 1 和 test 2 检验的是排污收费政策是否对有偿使用政策效果有影响，test3 和 test4 检验的是总量控制政策是否对有偿使用政策效果有影响。

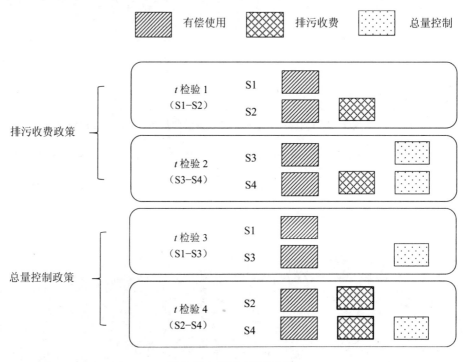

图 6-12　配对 *t* 检验方案

表 6-6 展示了在排污收费政策影响下配对 *t* 检验结果。从结果来看，S1 和 S2，S3 和 S4 这两组情景的最优社会总收益、最佳 COD 排放量、最佳 NH_3-N 排

放量、追加投资企业数量（按行业）、停产企业数量（按行业）、追加投资企业数量（按地区）、停产企业数量（按地区）的值无显著差异，该结果意味着排污收费政策对有偿使用政策效果无显著影响，该结果也证实了仅有有偿使用政策的情景与有偿使用加排污收费政策组合的情景，能实现相同的效果。这说明在仅实行排污收费政策的现实情况下，还不足以实现最佳社会总收益下的最佳排放量，实际上是使用环境容量资源而带来的稀缺租金部分被遗漏了，而有偿使用费用可以补齐遗漏的稀缺租金部分。

表 6-6　排污收费政策对有偿使用政策效果影响的配对 t 检验结果

	变量	观测样本	均值差	t
最优社会总收益	S1–S2	31	3.258 065	$t = 0.369\ 7$
	S3–S4	31	20.096 77	$t = 0.111\ 0$
最佳 COD 排放量	S1–S2	31	10.155 89	$t = 0.913\ 7$
	S3–S4	31	49.167 17	$t = 1.346\ 6$
最佳 NH$_3$-N 排放量	S1–S2	31	4 361.168	$t = 1.001\ 6$
	S3–S4	31	−7.652 266	$t = -1.647\ 1$
追加投资企业数（按行业）	S1–S2	37	0.108 108 1	$t = 0.395\ 4$
	S3–S4	37	−0.000 648 1	$t = -1.461\ 6$
停产企业数（按行业）	S1–S2	37	0.108 108 1	$t = 0.395\ 4$
	S3–S4	37	−2.216 216	$t = -1.844\ 8$
追加投资企业数（按地区）	S1–S2	31	4.096 774	$t = 2.198\ 0$
	S3–S4	31	0.032 258 1	$t = 0.046\ 1$
停产企业数（按地区）	S1–S2	31	0.483 871	$t = 1.819\ 9$
	S3–S4	31	2.516 129	$t = 1.368\ 5$

表 6-7 展示了总量控制政策影响的配对 t 检验结果。从结果来看，当总量控制政策存在时社会总收益低于无总量控制政策时的社会总收益，这就意味着总量控制政策会降低最优社会总收益，同样，总量控制政策也会降低 COD 排放量。但是对于 NH$_3$-N 来说，总量控制政策并不影响其排放量。在行业层面追加投资企业数和停产企业数，总量控制政策没有产生影响；在区域层面的追加投资企业数和停产企业数，总量控制政策的存在会相对增加这些企业的数量。

表 6-7 总量控制政策对有偿使用政策效果影响的配对 t 检验结果

	变量	观测样本	均值差	t 值
最优社会总收益	S1–S3	31	130 840.3	$t = 2.065\ 6^{**}$
	S2–S4	31	130 857.2	$t = 2.066\ 3^{**}$
最佳 COD 排放量	S1–S3	31	3 423.794	$t = 2.072\ 9^{**}$
	S2–S4	31	3 462.806	$t = 2.098\ 0^{**}$
最佳 NH_3–N 排放量	S1–S3	31	4 480.461	$t = 1.022\ 2$
	S2–S4	31	111.641	$t = 0.902\ 9$
追加投资企业数（按行业）	S1–S3	37	0.000 185 1	$t = 0.411\ 6$
	S2–S4	37	−0.001 936 8	$t = -2.507\ 5$
停产企业数（按行业）	S1–S3	37	0.675 675 7	$t = 0.603\ 4$
	S2–S4	37	−1.648 649	$t = -1.605\ 6$
追加投资企业数（按地区）	S1–S3	31	−4.870 968	$t = -1.466\ 0^{*}$
	S2–S4	31	−8.935 484	$t = -2.089\ 6^{**}$
停产企业数（按地区）	S1–S3	31	−87.354 84	$t = -2.430\ 7^{**}$
	S2–S4	31	−85.322 58	$t = -2.380\ 6^{**}$

6.4　有偿使用费与环境税

我国除了排放权有偿使用政策，还有已经执行多年的排污收费政策，以及于 2018 年 1 月 1 日起开征的环境保护税。由于这三种政策都是针对污染物的排放量作为收取税（费）的衡量标准，关于这三种政策之间关系的讨论从未停止。根据本研究的理论分析部分可知，在考虑了排污收费政策现状的基础上建立的有偿使用定价方法，实质上是将排污费及有偿使用费两种费用加和在一起共同实现最佳排污量。有偿使用部分弥补了排污收费少收取的那部分环境容量资源稀缺租金。当排污收费政策"由费改税"，排污收费政策将被环境税取代。届时将根据"税负平移"原则，根据现行排污收费项目设置环保税的税目，根据排污费计费方法来设置环保税的计费依据，并以现行排污收费标准为基础设置环境保护税的税额标准。因此，我们可以认为，环境税是排污收费政策的替代，与有偿使用政策共同作用实现将污染排放控制在最佳排污量。

　　理论上，环境税和有偿使用这两种政策的共同作用实现最佳排放量，对企业来说都是支付的排污成本，但两种政策还是存在差别。首先两种政策发挥着不同的功效。有偿使用政策解决配额在企业之间的分配问题，环境税依照排污收费的计算方法和依据支付的是企业排放污染物对环境损害的补偿。其次，这两种政策发生的时间点还是有一点区别。有偿使用费发生在企业购买排放权配额时，而环境税发生在企业使用这些配额时。也就是说，若企业购买配额却没有使用，就无须缴纳这部分配额的环境税；若企业出售了这部分没有使用的配额，最终使用这部分配额的企业负责缴纳环境税。最后，环境税和有偿使用费征收部门不同。环境保护税由税务机关依法进行征收管理[208]，而有偿使用费由环境保护主管部门负责征收。

　　有偿使用配额价格也给环境税的制定提供了参考依据。在"税负平移"的费改税过程中，其中水污染物税额规定了一个范围值，即污染当量的 1～10 倍。但是对于各地方来说，在这 1～10 倍污染当量范围中，税额究竟该订多少，有偿使用价格提供了参考。根据有偿使用费用价格计算的情景设置 3 中，恰好就是一种符合"税改费"后的情景。在现有的总量控制政策下，如果仅有环境税，实现最佳排污量时需要支付的价格，如图 6-13 和图 6-14 所示。

　　值得一提的是，水污染物有偿使用费并不代表全部的环境税。因为有偿使用政策及总量控制政策针对水污染物的只包括 COD 和 NH_3-N 这两种污染物，而环境税针对水污染物就还包括了其他的污染物。比如第一类水污染物之中企业排放口浓度占前五位的污染物，第二类水污染物中企业排放口浓度占前三位的都是应税污染物。

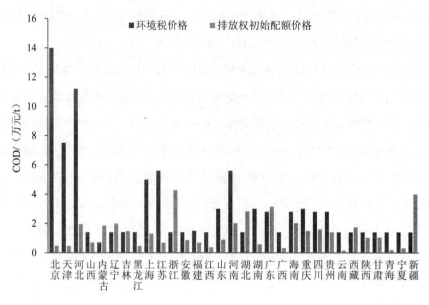

图 6-13 COD 排放权价格与环境税价格对比

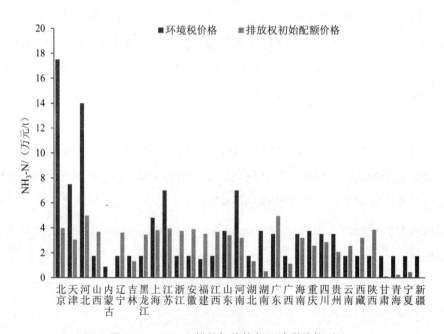

图 6-14 NH₃-N 排放权价格与环境税价格对比

6.5 排放权配额定价模型的敏感性分析

模型设置是建立在一些假设的基础之上的，这些假设会影响模型的结果。但在这些假设中，只有部分是可量化的。为了讨论由于假设条件变化给模型结果带来的不确定性，本章主要详述这些可量化的假设条件，根据这些假设条件的变化范围重新设定模型参数并运行模型，得到不同参数设置下的模拟结果，从而分析出影响模型结果的重要变量、关键参数与合理假设。

6.5.1 影响因素及参数设置

在构建模型时，有一些重要的基本假设，这些假设奠定了模型成立的基础。在模型设立过程中，假设企业可采取的应对策略有两种：调整产品产量，增加污染减排投资。其中，企业调整产量可以增加或减少产量，以相应地调整污染物产生量。不同于以往的研究，在计算排放权初始配额价格时，仅考虑污染物的处理成本，未考虑企业会因排污成本改变而相应改变其产品产量；在本研究中，重要的假设之一是企业生产的产品产量是可变的，可增加也可减少。理论上，产品产量最小值是零，而最大值设置与企业自身的限制条件有关。企业受限于生产能力、设施技术、市场需求等因素，产量不会无限制地提高。企业产品产量变化与市场需求变化相关。在本研究中，假设市场需求是恒定的。除此之外，在政策执行的过程中，总量控制政策是否能被严格地执行也会影响初始排放权配额价格以及相应政策效果。

初始产品产量为 x_0^i，那么其最大值 $x_{\max}^i = ax_0^i$。在本研究中，设定 a=（1，1.2，1.5）。当 a=1 时，即产品最大产量不超过其初始产量；当 a=1.2 时，产品最大产量为初始产量的 1.2 倍；当 a=1.5 时，最大产量为初始产量的 1.5 倍。总量控制政策在模型中以罚函数的形式体现：罚函数为 F，其中 F=（0，1），0 表示不使用罚函数，即不考虑总量控制政策，1 表示使用罚函数，即考虑总量控制政策。

6.5.2　敏感性分析结果

将上述参数代入模型经过模拟计算，对几个输出变量的影响如下。

（1）对有偿使用价格的影响

图 6-15 展示了企业产品产量上限和是否实行总量控制政策对有偿使用价格的影响。将图 6-15 做横向对比讨论企业产品产量上限带来的影响。在不考虑总量控制政策时，对于 COD 的价格，在当 $a=1.2$ 时最低，$a=1.5$ 时略高于 $a=1$ 时的价格；对于 NH_3-N 的价格，同样也是当 $a=1.2$ 时最低，而 $a=1$ 和 $a=1.5$ 时的价格根据情景的不同呈现趋势不同。其次，在考虑总量控制政策时，COD 的最高价格出现在 $a=1$ 时，其次是 $a=1.2$ 时，最低是 $a=1.5$ 时；NH_3-N 的价格 $a=1$ 时最低，$a=1.2$ 居中，$a=1.5$ 时最高。可以看出，产品产量上限是会影响价格的。

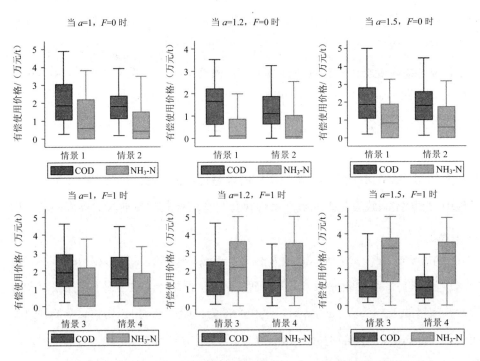

图 6-15　最大产量和总量控制政策变动对有偿使用价格的影响

将图 6-15 做纵向对比以讨论总量控制政策带来的影响。当 $a=1$ 时，除了情景 3 的价格略有差别，情景 1 和情景 2 在有无总量控制政策时价格都是一致的。当 $a=1.2$ 和 $a=1.5$ 时，同参数同情景内的价格发生了较大变化，在不考虑总量控制政策时，COD 价格都是高于 NH_3-N 价格的，但在考虑了总量控制政策后，NH_3-N 的价格反而会高于 COD。在 6.1 节中曾详述过总量控制政策在本模型中是以罚函数的形式实现的，而超出了某地区的污染物排放总量上限，多排的污染物会被处罚。而在 5.4.3 节中讨论了，由于污染物处理设施对 NH_3-N 处理效率的原因，或是企业没有专门针对 NH_3-N 的处理设施，在企业提高产品产量后会造成 NH_3-N 排放量相应上升。在这样的约束条件下，模型的结果自然是提高其有偿使用价格。可见，当污染物排放量超出规定排放总量时，总量控制政策会影响价格。

（2）对污染物排放量的影响

图 6-16 展示了最大产量和总量控制政策变动对污染物排放量的影响。将图 6-16 做横向对比以讨论最大产量对污染物排放量的影响。在不考虑总量控制政策时，当 $a=1$ 时 COD 和 NH_3-N 排放量是最低的，但有趣的是，并非 $a=1.2$ 时的排放量排在中间，反而是 $a=1.5$ 时的排放量处于中间位置，$a=1.2$ 时的排放量是最高的（除去情景 2 的排放量略低）。出现这种结果，推测是因为企业生产产品带来的边际收益高于污染物的边际治理成本，企业选择多生产产品。更进一步，当企业可达到的最大产量越高，增加产品带来更多的收益，因此企业更有可能同时增加污染减排投资，于是排放量减少了。也就是说，最大产量为初始产量的 1.5 倍时，与 1.2 倍相比，企业拥有了获得更多收益的可能，因此更有可能选择增加污染减排投资。在考虑总量控制政策时，虽然不同 a 值间在相同情景下的排放量变化程度略有差异，但 a 对于污染物排放量的影响有着与不考虑总量控制政策时相同的趋势。

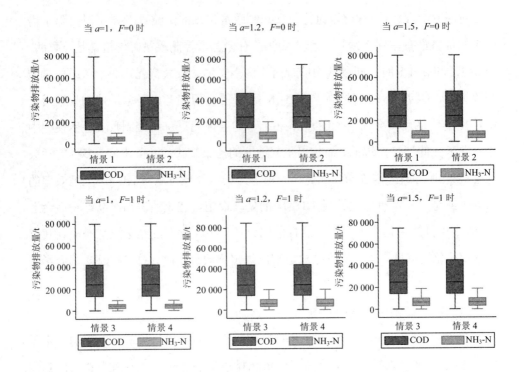

图6-16 最大产量和总量控制政策变动对污染物排放量的影响

将图6-16做纵向对比以讨论总量控制政策对污染物排放量的影响。当$a=1$时，总量控制政策对污染物的排放量几乎没有影响。因为当$a=1$时，企业最大的产量$x_{max}^i = x_0^i$，即企业产量不会超过现有产量，自然污染物排放量也不会进一步上升。但是在$a=1.2$和$a=1.5$时，考虑总量控制政策时的污染物排放量低于不考虑该政策时的排放量，即$F=1$的污染物排放量低于$F=0$时的排放量。这说明，总量控制政策的确对控制污染物排放是有效的，但是，总量控制政策在本模型中是以罚函数形式实现的，即超出设定总量的部分要处罚，起作用的是处罚机制。

（3）对社会总收益和企业收益的影响

图6-17展示了最大产量和总量控制政策变动对社会和企业收益的影响。先比较最大产量带来的影响。在不考虑总量控制政策时，a对社会总收益和企业收

益都有影响，无论是社会总收益还是企业总收益，都符合 $a=1.5$ 时最高，$a=1$ 时居中，$a=1.2$ 时最低；考虑总量控制政策时也符合这个趋势。

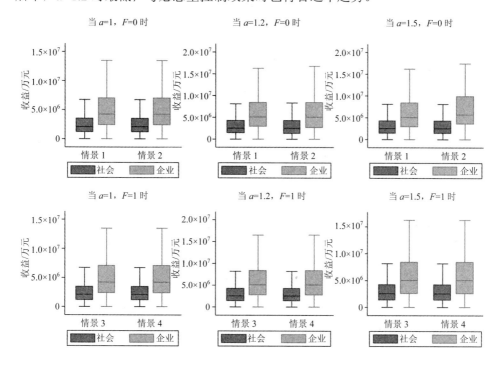

图 6-17　最大产量和总量控制政策变动对社会总收益和企业收益的影响

再纵向比较总量控制带来的影响。由图 6-17 可知，考虑总量控制时的社会总收益和企业收益略低于不考虑总量控制时的收益。这也从一个侧面说明，总量控制政策的确会损失一些收益，无论是社会的还是企业的。

（4）对投资企业量的影响

图 6-18 展示了最大产量和总量控制政策变动对选择投资的企业量的影响。先比较最大产量带来的影响。在不考虑总量控制政策时，投资企业数量在 $a=1.5$ 时最高，$a=1$ 时低于 $a=1.5$，且 $a=1.5$ 和 $a=1$ 时三种情景的投资企业数量相差不多；而 $a=1.2$ 时根据情景不同其投资企业数量相差较大。在考虑总量控制政策时也有同样的表现。由此可见，当企业在对生产的产品产量有着更大的选择空间时，

愿意选择进行污染减排投资的企业越多。

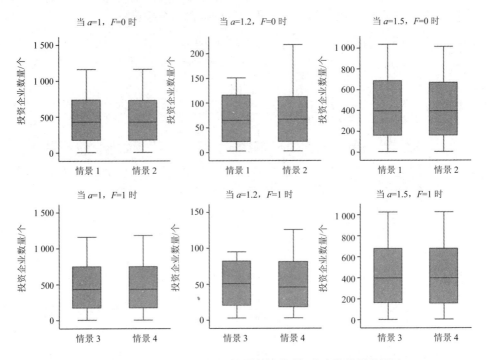

图 6-18　最大产量和总量控制政策变动对投资企业数量的影响

　　再比较总量控制政策带来的影响。在考虑总量控制政策时，无论 a 取值如何，其选择进行污染减排投资企业的数量皆略低于不考虑总量控制政策时的投资企业。因此，可以得出总量控制政策也会影响进行污染减排投资的企业数量，在实行该政策的前提下，进行投资的企业数量少于不实行总量控制政策下的企业数量。

　　（5）对停产企业量的影响

　　图 6-19 展示了最大产量和总量控制政策变动对停产企业数量的影响。先看最大产量对停产企业数量的影响。无论是否在总量控制政策之下，三种 a 系数下停产企业数量在 $a=1.2$ 时是最高的，$a=1$ 和 $a=1.5$ 时因为三种情景趋势不统一，变动趋势不是很明显。再看总量控制政策的影响。无论 a 的取值是多少，总量控

制政策下停产企业的数量皆高于不实行该政策时的停产企业数量。

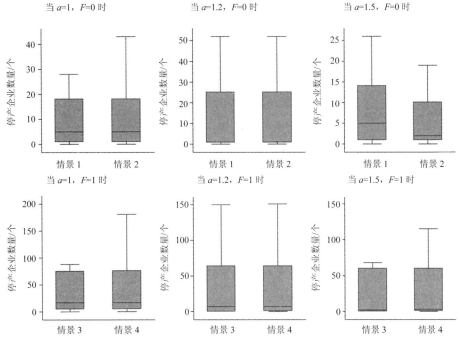

图 6-19　最大产量和总量控制政策对停产企业数量的影响

6.6　本章小结

为了解排污收费政策和总量控制政策对有偿使用政策效果的影响,首先设置了包含这两个政策的不同政策情景组合,对比了不同情景下的结果。通过 t 检验可知,排污收费政策对有偿使用政策效果无显著影响。仅有偿使用政策的情景与有偿使用加排污收费政策组合的情景,能实现相同的最优社会总收益效果。这说明在仅实行排污收费政策的现实情况下,仅有排污收费还不足以实现最佳社会总收益下的最佳排放量,实际上是使用环境容量资源而带来的稀缺租金部分被遗漏;而有偿使用费用可以补齐遗漏的稀缺租金部分。

通过结果可知，总量控制政策对有偿使用价格、社会总收益、选择停产的企业数量均有影响。总量控制政策会降低最优社会总收益。同样，总量控制政策也会降低 COD 排放量。但是对于 $NH_3\text{-}N$ 来说，总量控制政策并不影响其排放量。对于行业层面的追加投资企业数和停产企业数，总量控制政策没有产生影响；而对于区域层面的追加投资企业数和停产企业数，总量控制政策的存在会相对增加这些企业的数量。

通过敏感性分析考察了企业产品最大产量和是否考虑总量控制政策这两个因素对模型结果的影响。

（1）有偿使用价格

企业可选择的最大产量影响有偿使用价格。最大产量保持不变时总量控制政策对价格没有影响；产量可变时是否考虑总量控制政策对 COD 和 $NH_3\text{-}N$ 价格影响显著。不考虑总量控制政策时，各省 COD 价格普遍高于 $NH_3\text{-}N$ 价格；考虑总量控制政策时，$NH_3\text{-}N$ 价格高于 COD。

（2）污染物排放量

最大产量保持不变时污染物排放量基本不会上升；最大产量上升时污染物排放量的变化视地区而定。总量控制政策下的污染物排放量低于无总量控制时的排放量。

（3）社会收益和企业收益

最大产量影响社会收益和企业收益，但不是线性变化关系。当 $a=1.5$ 时收益最高，$a=1$ 时居中，$a=1.2$ 时最低。造成这种现象的原因不明。总量控制政策下对应情景的收益都小于不考虑总量控制政策时的收益，总量控制政策影响效率。

（4）企业决策

在享有更大的产品产量选择空间时，选择污染减排投资的企业越多，但对停产企业影响的趋势不明显。企业是否愿意选择污染减排投资起作用的不是总量控制政策，但在总量控制政策下选择停产的企业更多。

第 7 章

结论与展望

在我国排放权有偿使用政策实践历程中,过去因管理者与企业间信息非对称、获取企业信息成本高昂等原因,计算排放权配额价格时多以企业污染物处理平均成本为参考。对有偿使用政策实施效果多采用计量分析法对比该政策实施后污染物排放量变化,从中剥离出其政策效果;或用 CGE 模型从宏观层面模拟计算国民经济体系受到的影响。对政策效果的衡量多集中在宏观视角污染物排放量变化,未能反映微观视角企业对排放权有偿使用政策的反馈。在评价排放权政策效果时暂未考虑现行相关政策的影响。随着我国环境管理要求不断提高,政策体系不断完善,出现越来越多的政策和技术手段,以推进环境的精细化管理。因此,展开排放权有偿使用定价及其政策效果模拟研究,对完善排放权有偿使用政策设计、控制污染排放、实现环境容量资源合理配置具有十分重要的意义。

7.1 主要结论

本研究明晰了有偿使用政策的理论基础、与排污收费政策的联系与区别及与环境税政策的关联。本研究基于动态最优控制理论建立了排放权初始配额有偿使用价格模型,根据中国环境统计数据库 2013 年数据进行实证分析,考虑在四种政策情景下,分别是:①仅收取有偿使用费;②同时收取排污收费和有偿使用费;③仅收取有偿使用费且有总量控制政策;④同时收取排污收费和有偿使用费且有总量控制政策，计算出 31 个省（直辖市、自治区）的 COD 和 $NH_3\text{-}N$ 两种污染物的有偿使用价格。此外，在各地区执行该有偿使用价格的前提下，预测 COD 和 $NH_3\text{-}N$ 的污染物排放量，以及各地区、各行业的企业增加污染减排投资比率及停产企业比率，主要结论如下：

（1）排放权有偿使用政策不是排污收费政策的简单重复

有偿使用政策和排污收费政策性质一样，都是针对使用的环境容量资源进行收费。但是也有不同之处，排污收费支付的是对环境造成的损害的补偿，有偿使用支付的是企业由于使用环境资源带来的稀缺租金的收入，但在实际中无法剥离开这两种费用。因此设计了这样的价格计算模型。后续实证研究的结果支持了这种设定，在情景 1 和情景 2 两种不同政策组合下的有偿使用价格，情景 1 仅考虑有偿使用政策，情景 2 考虑了有偿使用和排污收费政策，这两种情景下实现的社会最优收益相等，那么两种情景下企业所需支付的污染物排放成本相同，情景 1 的有偿使用价格等于情景 2 的有偿使用价格加上现有的排污收费价格。

（2）初始配额有偿使用价格

在实证分析部分，利用 2013 年的环境统计数据库数据，计算出 31 个地区的有偿使用价格。从结果来看，大部分地区的 $NH_3\text{-}N$ 价格高于 COD 价格，这符合 $NH_3\text{-}N$ 的单位处理成本高于 COD 的现实情况；小部分地区的 COD 的有偿使用价格高于 $NH_3\text{-}N$，甚至 $NH_3\text{-}N$ 的价格为零。这是因为对于 COD 和 $NH_3\text{-}N$ 这两种污染物来说，在污染物产生环节，有伴生效应；在污染物处理环节，有协同处理效应。因此，有偿使用价格具有协同控制作用，模型给出了这样的模拟结果：如果该地区大部分企业是 COD 和 $NH_3\text{-}N$ 同时产生的，那么仅对 COD 收取有偿使用费，或者根据该地区仅产生 $NH_3\text{-}N$ 的企业占比对 $NH_3\text{-}N$ 收取少量的有偿使用费，即可实现该地区的社会总收益最优。这种收费方案，避免了对 COD 和 $NH_3\text{-}N$ 有伴生效应和协同处理效应企业的两种污染物双重收费。

（3）最佳污染物排放量

在得到使社会总收益最优的污染物排放权有偿使用价格后，模型也给出了相

应价格下对应的污染物排放量。可以看出，收取了有偿使用费的地区，大部分
COD 排放量都有不同程度的下降；小部分地区的 COD 排放量却是上升的。这几
个地区每增加 1 t 排放带来的边际收益是高于有偿使用支出的，所以企业选择多
排放污染物。与此同时，部分 COD 排放量呈下降趋势的地区，其 NH_3-N 排放量
却是普遍上升的。推测其原因，是因为这种现象与每个地区的企业主要排放的污
染物种类不同有关。有的企业主要产生的污染物是 COD，NH_3-N 产生量与 COD
比起来很小，那么该企业的污染物处理设施工艺主要针对的是 COD，NH_3-N 的
去除效果只是"协同"实现。若企业增加投资提高污染物处理设施的处理效率，
仅将投资在其现有的处理设施之上，提高现有处理设施的处理效率，而非针对另
一种污染物建设新的处理设施，那么 NH_3-N 排放量反而会上升。

（4）不同行业受到的影响

从结果看，化学原料和化学制品制造业、农副食品加工业、纺织业、造纸和
纸制品业、金属制品业位列选择追加污染治理投资的企业数量的前五位，这些行
业的企业在有偿使用政策下更易选择追加投资；而纺织业、农副食品加工业、造
纸和纸制品业在有偿使用政策影响下选择关停的企业数更多。

（5）不同政策对结果的影响

虽然构成情景 1 和情景 2 的政策不同，但两种情景皆是具有动态一致性的政
策，因此两种政策之下，除了有偿使用价格有差异之外，最佳污染物排放量、最
优社会收益、企业收益、选择增加污染减排投资的企业数量皆一致。情景 3 除了
在总量控制政策下，当排污交易价格和贴现率保持不变这样的特定条件下表现出
具有动态一致性，除此之外是没有动态一致性的。从结果可看出，情景 3 下的社
会总收益低于情景 1 和情景 2，说明情景 3 不能实现政策设计之初的"最优"社
会总收益，而只能实现"次优"社会总收益。

总量控制政策是影响结果的一个重要条件，在政策动态一致性的语境中，实
际上表征了管理者是否能保证承诺有效实施。通过结果可知，总量控制政策对有
偿使用价格、社会总收益、选择停产的企业数量均有影响。有总量控制政策时，

各种情景下的最佳污染物排放量小于无总量控制政策下的污染物排放量；各种情景下的社会总收益小于无总量控制政策下的社会总收益。但是，讨论到对企业行为选择的影响，总量控制政策却对不同的行为影响不同：总量控制政策对选择进行投资的企业数量没有影响，但却对停产企业的数量有影响。本研究的结果显示，过多的政策管制会损失效率。在某些地方可以不着重考虑这些政策，但是污染物排放量超出的地区需要考虑处罚机制。

7.2 主要创新点

本研究的创新点主要体现在以下两个方面：

（1）建立了基于动态最优化控制理论的排放权初始配额有偿使用价格模型

目前关于有偿使用定价的研究多采用污染物处理成本的方法来定价，忽略相关政策的影响，现有定价方法中涉及使用污染物平均处理成本的方法也因跟排污收费中采用了相同的定价方法而备受诟病。本研究设计了一种定价方法，考虑了排污收费政策，总量控制政策作用，将有偿使用费用和排污收费合并作为企业需支付的污染排放成本，同时考量企业收益和社会总收益，能使社会总收益达到动态均衡最优时的有偿使用价格即为最优解。

有偿使用政策针对水污染物的 COD 和 $NH_3\text{-}N$ 两种污染物，而在水污染物的处理过程中，这两种污染物具有协同处理效应。在现有的有偿使用排放配额价格计算方法中，没有考虑这两种污染物的协同处理效应。本研究将模型中涉及的 COD 和 $NH_3\text{-}N$ 两种污染物有偿使用价格设置为两个独立变量，分别反映这两种污染物的价格，避免"双重收费"。在构建有偿使用价格模型时，将企业和社会的收益纳入考虑，不再仅考虑污染物处理成本；模型中为计算环境损益预留了接口，同时也支持今后方便地将目标总量转换为环境容量。此外，建立的有偿使用价格模型是在动态均衡条件下求得使社会总收益最大的最优解，而非静态均衡解。回答了绪论中提出的第一个科学问题：排放权有偿使用初始配额的价格如何确定。

（2）通过模型模拟了全国尺度省级层面的最佳污染物排放量以及对应的价格

在理论模型的基础上将其扩展为适用于多污染物的有偿使用价格模型，设计BFGS 和粒子群二层嵌套优化算法，使用中国环境统计数据库 2013 年数据中的30 865 个可用的企业样本，计算了在能达到最优社会收益时的最佳污染物排放量及相应的污染物排放有偿使用价格。除此之外，模型还预测了有偿使用政策对企业选择进行污染减排投资或选择停产的行为的影响，分别以区域和行业两个尺度进行展示。回答了"排放权有偿使用政策以某价格执行后可能带来的影响"这个科学问题。

此外，本研究还讨论了现行的排污收费政策和总量控制政策对有偿使用政策效果带来的可能影响，包括对污染物排放量及社会收益的影响，对企业的生产和污染减排投资决策造成怎样的影响；以及已经存在的相关环境政策对有偿使用政策的影响。回答了第三个科学问题：已经存在的相关环境政策对排放权有偿使用政策效果会有怎样的影响。

7.3　研究不足

本研究的不足之处主要体现在以下几个方面：

1）在模型构建时的社会收益模型中，计算污染物排放到环境中造成的损害时仅使用恢复成本法，没有考虑对生态环境造成的损害及对人的健康造成的损害，同样，环境质量改善带来的正向收益也未纳入其中。

2）在模型假设条件方面，因为要刻画复杂的现实情况，模型中对有些情形进行了简化，如企业决定其产品产量的时候没有考虑产品供销的市场均衡，市场上产品价格也未发生变化。在模拟企业决策行为时，一些细节未能一一展现，如企业减少污染物排放，可以有三种渠道：企业生产工艺技术进步，更新末端治理技术，提高原有处理设施效率；但在模型中只反映在提高原有处理设施效率这一种渠道上，技术进步变化尚未考虑。

3）因缺少污染物处理设施固定投资数据，本研究中涉及污染减排成本的所有参数计算都是依据企业污染减排设施运行费用，模型中的状态变量企业污染减排投资现值也是仅有污染减排设施运行费用这一部分。

4）现阶段由于应用于实证的数据是以截面数据代替了时间序列的数据，结果中没能很好地展现动态模型的效果。

7.4　研究展望

在今后的有偿使用价格模型构建，以及社会总收益核算模型中，进行污染物损害核算部分应加入污染物排放对生态环境造成对损害，对人体健康的影响，不只是负面影响，还有污染物减少带来的正向影响。此外，污染物目标排放总量控制政策，应由保证人体健康的环境容量数据代替。

本研究所开发的排放权配额有偿使用价格模型为我国环境管理提供了科学依据，基于样本企业计算的配额有偿使用价格可以为我国现行的有偿使用政策执行提供了基础数据。本研究在我国环境与政策管理领域中的应用主要有以下几个方面：

本研究从理论出发厘清了有偿使用政策与现有排污收费政策的联系与区别，设计了一种将既有政策纳入考虑范围的排放权配额有偿使用定价方法，避免了因使用与排污收费相同计算方法而被质疑是"重复收费"的情形。本研究设计的基于动态最优控制理论建立的排放权配额有偿使用价格模型，可针对各种污染物计算其有偿使用价格，除水污染物外，大气污染物也同样适用。该模型考虑了同种污染介质中多种污染物的协同控制效应，因此可针对多污染物进行计算。此外，该模型并不仅是适用于排放权有偿使用政策，理论基础一致的税费政策，都可使用该模型进行计算，比如即将实施的环境税政策。

此外，该模型对计算涉及样本量的大小无严格要求，适应性灵活。因此，该模型既可用于省级区域层面的计算，又可用于局部小区域的计算，能用来计算全国十几万企业样本量、省级行政区数千至数万企业样本量的有偿使用价格，也可用来计算小区域内比如工业园区内几十家企业样本量的有偿使用价格。

在制定政策时，管理者希望了解政策执行可能会带来的结果。排放权配额有偿使用价格模型在实证数据的基础上模拟了企业在有偿使用费用刺激的情形下的行为反应，并预测了政策执行后的污染物排放量等情况，为制定有偿使用价格提供了参考，为管理者进行精细化管理提供了现实依据。

参考文献

[1] 中华人民共和国国家统计局. 中国统计年鉴. 2018. 北京：中国统计出版社.

[2] 中华人民共和国国家统计局，中华人民共和国环境保护部. 中国环境统计年鉴. 2016. 北京：中国统计出版社.

[3] Wang，J.，Forty Years of Environmental Protection in China：Lessons Learned and Future Targets. 2013，HongKong.

[4] 叶维丽，王东，文宇立. 江苏省太湖流域水污染物排污权有偿使用政策评估研究. 环境污染防治，2011，33（8）：95-98.

[5] 中华人民共和国环境保护法. 1989. 北京：中华人民共和国第七届全国人民代表大会常务委员会.

[6] 国家环境保护总局. 中国环境年鉴. 2004，北京：中国环境年鉴社.

[7] 王金南. 排污收费理论与方法研究——中国的制度设计与影响分析. 2005，清华大学.

[8] 国务院办公厅. 关于进一步推进排污权有偿使用和交易试点工作的指导意见. 2014. 北京：国务院办公厅.

[9] 肖江文，罗云峰，赵勇. 初始排污权拍卖的博弈分析. 华中科技大学学报，2001，29（9）：37-39.

[10] 赵雯砚. 初始排污权定价研究. 2013，吉林大学.

[11] 王勤耕，李宗恺，陈志朋，等. 总量控制区域排污权的初始分配方法. 中国环境科学，2000，20（1）：68-72.

[12] 施圣炜. 期权理论在排污权初始分配中的应用. 中国人口·资源与环境，2005，15（1）：52-55.

[13] 毕军，周国梅，张炳，等. 排污权有偿使用的初始分配价格研究. 环境保护，2007（7A）：

51-54.

[14] 李云生，吴悦颖，叶维丽，等. 我国水污染物排放权有偿使用和交易政策框架. 环境经济，2009（64）：24-28.

[15] 王珂，毕军，张炳. 排污权有偿使用政策的寻租博弈分析. 中国人口·资源与环境，2010，20（9）：95-99.

[16] 张培. 排污权有偿使用阶梯式定价研究——以化学需氧量排放为例. 生态经济，2012，117（8）：60-62.

[17] 顾航平. 环境容量资源有偿使用研究. 2007，浙江大学.

[18] 王金南，蒋洪强，杨金田，等. 关于环境资源有偿使用政策框架的思考. 2007，北京：中国环境科学出版社.

[19] Pravdić，V. Environmental capacity—is a new scientific concept acceptable as a strategy to combat marine pollution？ Marine Pollution Bulletin，1985，16（7）：295-296.

[20] Ayres，R.U，A.V. Kneese. Production，Consumption，and Externalities. The American Economic Review，1969，59（3）：282-297.

[21] Neumayer，E. Scarce or Abundant？ The Economics of Natural Resource Availability. Journal of Economic Surveys，2000，14（3）：307-335.

[22] Daly，H.E. Toward some operational principles of sustainable development. Ecological economics，1990，2（1）：1-6.

[23] Cornes，R，T. Sandler. The Theory of Externalities，Public Goods and Club Goods. 2nd edition ed. 1996，Cambridge：Cambridge University Press.

[24] 吴健. 排污权交易-环境容量管理制度创新. 2005，北京：中国人民大学出版社.

[25] 邓海峰. 环境容量的准物权化及其权利构成. 中国法学，2005（4）：59-66.

[26] 左正强. 我国环境资源产权制度构建研究. 2009，西南财经大学.

[27] Ellerman，A.D. The Next Restructuring：Environmental Regulation. The Energy Journal，1999，20（1）：141-147.

[28] 吴元元，李晓华. 环境容量使用权的法理分析. 重庆环境科学，2003，25：119-124.

[29]   Tietenberg, T. Tradable Permit Approaches to Pollution Control: Faustian Bargain or Paradise Regained? 1999.

[30]   Tietenberg, T, L. Lewis. Environmental and natural resource economics. 2016, London: Routledge.

[31]   卢洪友，刘啟明，祁毓. 中国环境保护税的污染减排效应再研究：基于排污费征收标准变化的视角. 中国地质大学学报（社会科学版），2018，18（5）：67-82.

[32]   环境保护部. "九五"期间全国主要污染物排放总量控制计划. 1996，北京.

[33]   王金南，董战峰，杨金田，等. 中国排污交易制度的实践和展望. 环境保护，2009，420（5B）：17-22.

[34]   葛察忠，王金南. 利用市场手段削减污染：排污收费、环境税和排污交易. 经济研究参考，2001（2）：28-43.

[35]   Zhang, B, Q.Q. Yu, J. Bi. Policy design and performance of emissions trading markets an adaptive agent-based analysis. Environmental Science Technology，2010，44（15）：5693-5699.

[36]   Chan, G, R. Stavins, R. Stowe, R. Sweeney. The SO_2 Allowance Trading System and the Clean Air Act Amendments of 1990，2012，Resources For The Future.

[37]   Bovenberg, L, L.H. Goulder, D.J. Gurney. Efficiency Costs of Meeting Industry-Distributional Constraints Under Environmental Permits and Taxes. The RAND Journal of Economics，2005，36（4）：951-971.

[38]   Smith, A.E, M.T. Ross, W.D. Montgomery. Implications of Trading Implementation Design for Equity-Efficiency Trade-offs in Carbon Permit Allocations. 2002，Charles River Associates.

[39]   Goulder, L.H, M.A.C. Hafstead, M. Dworsky. Impacts of alternative emissions allowance allocation methods under a federal cap-and-trade program. Journal of Environmental Economics and Management，2010，60（3）：161-181.

[40]   王金南. 论排污收费制度的改革. 1998，中国环境科学研究院环境管理研究所.

[41] Wang，J，Z. Dong，J. Yang，Y. Li，G. Yan. The Progress of Emission Trading Programs in China. 2009.

[42] 何盼. 江苏省太湖流域排污权有偿使用政策有效性评估——基于双重差分模型的实证研究. 环境学院. 2014，南京大学.

[43] Lin，L. Enforcement of pollution levies in China. Journal of Public Economics，2013（98）：32-43.

[44] Wang，H. Pollution regulation and abatement efforts evidence from China. Ecological Economics，2002，41（1）：85-94.

[45] 王金南，葛察忠，秦昌波，等. 中国独立性环境税方案设计及其效应分析. 中国环境管理，2015，7（4）：63-76.

[46] 马中，D. Dudek，吴健，等. 论总量控制与排污权交易. 中国环境科学，2002，22（1）：89-92.

[47] 王金南，蒋春来，张文静. 关于"十三五"污染物排放总量控制制度改革的思考. 环境保护，2015（21）：21-24.

[48] Chazhong，G，C. Ji，W. Jinnan，L. Feng. China's Total Emission Control Policy：A Critical Review. Chinese Journal of Population Resources and Environment，2009，7（2）：50-58.

[49] Siikamäki，J，D. Burtraw，J. Maher，C. Munnings. The U.S. Environmental Protection Agency's Acid Rain Program. 2012，Resources for the Future.

[50] Bui，L.T.M. Gains from trade and strategic interaction：equilibrium acid rain abatement in the eastern United States and Canada. American Economic Review，1998，88（4）：984-1001.

[51] Schreifels，J，J. Kruger. Tools of the Trade：A Guide to Designing and Operating a Cap and Trade Program for Pollution Control. 2003，Environmental Protection Agency.

[52] Burtraw，D，A.E. Farrell，L.H. Goulder，C. Peterman. Lessons for a cap-and-trade program. 2006，The California Climate Change Center.

[53] Ellerman，A.D，B.K. Buchner. The European Union Emissions Trading Scheme：Origins，Allocation，and Early Results. Review of Environmental Economics and Policy，2007，1

（1）：66-87.

[54]   Gilbertson，T，O. Reyes. Carbon Trading How it works and why it fails. 2009.

[55]   WWF. The environmental effectiveness of the EU ETS analysis of caps. 2005.

[56]   Hintermann，B. Allowance price drivers in the first phase of the EU ETS. Journal of Environmental Economics and Management，2010，59（1）：43-56.

[57]   Hepburn，C，M. Grubb，K. Neuhoff，F. Matthes，M. Tse. Auctioning of EU ETS phase II allowances：how and why？Climate Policy，2006，6（1）：137-160.

[58]   Benz，E.V.A，A. LöSchel，B. Sturm. Auctioning of CO_2 emission allowances in Phase 3 of the EU Emissions Trading Scheme. Climate Policy. 2010.

[59]   DECC. The EU Emissions Trading System Preparing for Phase III. 2011.

[60]   DEFRA. EU Emissions Trading Scheme Approved Phase II National Allocation Plan 2008-2012，2007，Department for Environment，Food and Rural Affairs.

[61]   McKenna，C. Phase III of the EU Emissions Trading Scheme your Q&A guide. 2009，CMS Cameron McKenna LLP.

[62]   Newell，R.G，J.N. Sanchirico，S. Kerr. Fishing quota markets. Journal of Environmental Economics and Management，2005，49（3）：437-462.

[63]   Grafton，R.Q. Rent Capture in an individual Transferable Quota Fishery. Canadian Journal of Fisheries and Aquatic Sciences，1992，49（3）：497-503.

[64]   Grafton，R.Q. Rent capture in a rights-based fishery. Journal of Environmental Economics and Management，1995，28（1）：48-67.

[65]   嘉兴市政府，嘉兴市环保局. 水污染物排放总量控制和排污权交易暂行办法. 2001.

[66]   Hoag，D.L，J.S. Hughes-Popp. Theory and Practice of Pollution Credit Trading in Water Quality Management. Review of Agricultural Economics，1997，19（2）：252-262.

[67]   Burtraw，D，S.J. Szambelan. U.S. Emissions Trading Markets for SO_2 and NO_2. 2009，Resource for the Future.

[68]   颜蕾，巫腾飞. 基于影子价格的排污权初始分配和交易模型. 重庆理工大学学报（社会

科学版），2010，24（2）：53-56.

[69]　Liao，C.N，H. Önal，M.H. Chen. Average shadow price and equilibrium price：A case study of tradable pollution permit markets. European Journal of Operational Research，2009，196（3）：1207-1213.

[70]　胡民. 排污权定价的影子价格模型分析. 价格月刊，2007，357（2）：19-22.

[71]　郭琪，王兆旭. 绿色配额初始分配与定价_模式设计及应用. 金融发展研究，2009（4）：28-32.

[72]　于鲁冀，侯保峰，章显. 水污染物初始排污权定价策略研究. 环境污染与防治，2012，34（3）：101-109.

[73]　Kolshus，H.H，A. Torvanger. Analysis of EU member states national allocation plans. 2005，CICERO.

[74]　Watanabe，R，G. Robinson. The European Union Emissions Trading Scheme（EU ETS）. Climate Policy，2005，5（1）：10-14.

[75]　Montero，J.P. A Simple Auction Mechanism for the Optimal Allocation of the Commons. The American Economic Review，2008，98（1）：496-518.

[76]　Hausker，K. The Politics and Economics of Auction Design in the Market for Sulfur Dioxide Pollution. Journal of Policy Analysis and Management，1992，11（4）：553-572.

[77]　王宇雯. 实物期权视角下排污权定价策略研究_基于环境成本的初始分配分析框架. 价格理论与实践，2007（10）：44-45.

[78]　梅林海，戴金满. IPO 定价机制在排污权初始分配中应用的研究. 价格月刊，2009，388（9）：33-36.

[79]　夏德建，孙睿，任玉珑. 政府与企业在排污权定价中的演化稳定策略研究. 技术经济，2010，29（3）：23-27.

[80]　Coggins，J，J. Swinton. The Price of Pollution：A Dual Approach to Valuing SO_2 Allowances. Journal of environmental economics and management，1996，30（1）：58-72.

[81]　林涛. 排污权交易制度中的价格研究. 工业技术经济，2010（11）：80-84.

[82] 章铮. 边际机会成本定价——自然资源定价的理论框架. 自然资源学报, 1996, 11（2）: 107-112.

[83] 黄桐城, 武邦涛. 基于治理成本和排污收益的排污权交易定价模型. 上海管理科学, 2004（6）: 34-36.

[84] Goulder, L.H, I.W.H. Parry, R.C. Williams, D. Burtraw. The Cost-effectiveness of Alternative Instruments for Environmental Protection in a Second-best Setting. Journal of Public Economics, 1999（72）: 329-360.

[85] Parry, I.W.H. Environmental Taxes and quotas in the presence of distorting taxes in factor markets. Resource and Energy Economics, 1997, 19（3）: 203-220.

[86] Muller, R.A, S. Mestelman, J. Spraggon, R. Godby. Can double auctions control monopoly and monopsony power in emissions trading markets? Journal of Environmental Economics and Management, 2002, 44（1）: 70-92.

[87] Burtraw, D, K. Palmer, R. Bharvirkar, A. Paul. The Effect of Allowance Allocation on the Cost of Carbon Emission Trading 2001, Resources for the Future.

[88] Milliman, S.R, R. Prince. Firm incentives to promote technological change in pollution control. Journal of Environmental Economics and Management, 1989, 17（3）: 247-265.

[89] Popp, D. Pollution Control Innovations and the Clean Air Act of 1990, Journal of Policy Analysis and Management, 2003, 22（4）: 641-660.

[90] Li, S. Better Lucky Than Rich? Welfare Analysis of Automobile License Allocations in Beijing and Shanghai. 2015, Cornell University.

[91] Cason, T.N. Seller incentive properties of EPA's emission trading auction. Journal of Environmental Economics and Management, 1993, 25（2）: 177-195.

[92] Dijkstra, B.R, M. Haan. Sellers' hedging incentives at EPA's emission trading auction. Journal of Environmental Economics and Management, 2001, 41（3）: 286-294.

[93] 刘钢, 王慧敏, 仇蕾, 等. 湖域工业初始排污权纳什议价模型研究. 中国人口·资源与环境, 2012, 22（10）: 78-85.

[94] Dietz, F.J, J. Straaten. Rethinking Environmental Economics: Missing Links between Economic Theory and Environmental Policy. Journal of Economic Issues, 1992, 26 (1): 27-51.

[95] Cramton, P, S. Kerr. Tradable Carbon Permit Auctions How and Why to Action Not Grandfather. 1998, Resources for the Future.

[96] Pigou, A.C. The Economic of Welfare. 2013, Basingstoke: Palgrave Macmillan.

[97] Dales, J.H. Pollution, property & prices: an essay in policy-making and economics. 2002, Northampton: Edward Elgar.

[98] Braathen, N.A. Instrument Mixes for Environmental Policy: How Many Stones Should be Used to Kill a Bird? International Review of Environmental and Resource Economics, 2007, 1 (2): 185-235.

[99] Johnstone, N. The use of tradable permits in combination with other policy instruments. 2003, OECD.

[100] Lipsey, R.G, K. Lancaster. The general theory of the second best. The Review of Economic Studies, 1956, 24 (1): 11-32.

[101] Coase, R.H. The problem of social cost. The journal of Law and Economics, 1960, 3 (1): 1-44.

[102] Lehmann, P. Justifying a policy mix for pollution control: a review of economic literature. Journal of Economic Surveys, 2012, 26 (1): 71-97.

[103] Downing, P.B, L.J. White. Innovation in pollution control. Journal of Environmental Economics and Management 1986, 13 (1): 18-29.

[104] Magat, W.A. Pollution control and technological advance: a dynamic model of the firm. Journal of Environmental Economics and Management, 1978, 5 (1): 1-25.

[105] Jung, C, K. Krutilla, R. Boyd. Incentives for advanced pollution abatement technology at the industry level: an evaluation of policy alternatives. Journal of Environmental Economics and Management, 1996, 30 (1): 95-111.

[106] Fischer，C，I.W.H. Parry，W.A. Pizer. Instrument choice for environmental protection when technological innovation is endogenous. Journal of Environmental Economics and Management，2003，45（3）：523-545.

[107] Biglaiser，G，J.K. Horowitz. Pollution Regulation and Incentives for Pollution‐Control Research. Journal of Economics & Management Strategy，1994，3（4）：663-684.

[108] Grubb，M，D. Ulph. Energy，environment，and innovation. Oxford Review of Economic Policy，2002，18（1）.

[109] Grubb，M，T. Chapuis，M.H. Duong. The economics of changing course- implications of adaptability and inertia for optimal climate policy. Energy Policy，1995，23（4-5）：417-431.

[110] Sorrell，S，J. Sijm. Carbon trading in the policy mix. Oxford review of economic policy，2003，19（3）：420-437.

[111] Jaffe，A.B，R.G. Newell，R.N. Stavins. A tale of two market failures：Technology and environmental policy. Ecological Economics，2005，54（2-3）：164-174.

[112] Fischer，C. Emissions pricing，spillovers，and public investment in environmentally friendly technologies. Energy Economics，2008，30（2）：487-502.

[113] Bennear，L.S，R.N. Stavins. Second-best theory and the use of multiple policy instruments. Environmental and Resource Economics，2007，37（1）：111-129.

[114] Petrakis，E，E.S. Sartzetakis，A.P. Xepapadeas. Environmental information provision as a public policy instrument. The B.E. Journal of Economic Analysis & Policy，2005，4（1）：1-28.

[115] Sijm，J. The interaction between the EU emissions trading scheme and national energy policies. Climate Policy，2005，5（1）：79-96.

[116] Goulder，L.H，I.W.H. Parry. Instrument choice in environmental policy. Review of environmental economics and policy，2008，2（2）：152-174.

[117] Burtraw，D，K. Palmer. Dynamic Adjustment to Incentive-based Environmental Policy to Improve Efficiency and Performance. 2005，Resources for the Future.

[118] Goulder, L.H, I.W.H. Parry, R.C. Williams, D. Burtraw. The cost-effectiveness of alternative instruments for environmental protection in a second-best setting. Journal of public Economics, 1999, 72（3）: 329-360.

[119] Anas, A, R. Lindsey. Reducing Urban Road Externalities: Road Pricing in Theory and In Practice. Review of Environmental Economics and Policy, 2011, 5（1）: 66-88.

[120] del Río González, P. The interaction between emissions trading and renewable electricity support schemes: An overview of the literature. Mitigation and adaptation strategies for global change, 2007, 12（8）: 1363-1390.

[121] 高廷耀, 顾国维, 周琪. 水污染控制工程. 2007, 北京: 高等教育出版社.

[122] Loosdrecht, M.C.M.v, P.H. Nielsen, C.M. Lopez-Vazquez, D. Brdjanovic. Experimental Methods in Wastewater Treatment. 2016, London: IWA Publishing.

[123] Perman, R, Y. Ma, J. McGilvray, M. Common. Economics of natural resources and the environment. 3rd ed. 2003, London: Pearson Education Limited.

[124] Costanza, R, R. d'Arge, R.d. Groot, S. Farber. The value of ecosystem services: putting the issues in perspective. Ecological economics, 1998, 25（1）: 67-72.

[125] Ricardo, D. Principles of political economy and taxation. 1891: G. Bell and sons.

[126] Koberg, C.S. Resource Scarcity, Environmental Uncertainty, and Adaptive Organizational Behavior. Academy of Management Journal, 1987, 30（4）: 798-807.

[127] Hartwick, J.M. Intergenerational equity and the investing of rents from exhaustible resources. The american economic review, 1977, 67（5）: 972-974.

[128] Hotelling, H. The Economics of Exhaustible Resources. Journal of Political Economy, 1931, 39（2）.

[129] Krautkraemer, J.A. Nonrenewable Resource Scarcity. Journal of Economic Literature, 1998, 36（4）: 2065-2107.

[130] Blaug, M. Economic theory in retrospect. 1997, Cambridge: Cambridge University Press.

[131] Kuminoff, N.V. Decomposing the structural identification of non-market values. Journal of

Environmental Economics and Management，2009，57（2）：123-139.

[132] Blackman，A，W. Harrington. The Use of Economic Incentives in Developing Countries：Lessons from International Experience with Industrial Air Pollution. 1999，Resources for the Future.

[133] Harrington，W，R.D. Morgenstern，Economic Incentives versus Command and Control：What's the best approach for solving environmental problems？ Acid in the Environment. 2007，United State：Springer. 233-240.

[134] Lave，L.B，E. COBAS-FLORES，C.T. HENDRICKSON，F.C. McMICHAEL. Using Input-Output Analysis to Estimate Economy-wide Discharges. Environmental Science & Technology，1995，29（9）：420A-426A.

[135] Wiedmann，T. A review of recent multi-region input–output models used for consumption-based emission and resource accounting. Ecological Economics，2009，69（2）：211-222.

[136] Cao，J. Essay on environmental tax policy analysis：Dynamic Computable General Equilibrium Approaches Applied to China. Graduate School of Arts and Sciences. 2007，Harvard University.

[137] Grafton，R.Q，R.A. Devlin. Paying for Pollution：Permits and Charges. The Scandinavian Journal of Economics，1996，98（2）：275-288.

[138] 蒋中一. 动态最优化基础. 1999，北京：商务印书馆.

[139] Bovenberg，A.L，L.H. Goulder，D.J. Gurney. Efficiency Costs of Meeting Industry-Distributional Constraints Under Environmental Permits and Taxes. RAND Journal of Economics，2005，36（4）：951-971.

[140] Rosendahl，K.E. Cost-effective environmental policy：implications of induced technological change. Journal of Environmental Economics and Management，2004，48（3）：1099-1121.

[141] Perman，R，Y. Ma，J. McGilvray，M. Common. Natural Resource and Environmental Economics. 3rd ed. 2003，Harlow：Pearson Education Limited.

[142] 中国环境科学研究院，工业源产排污系数手册. 2011，北京：中国环境科学出版社.

[143] Biglaiser，G，J.K. Horowitz，J. Quiggin. Dynamic pollution regulation. Journal of Regulatory Economics，1995，8（1）：33-44.

[144] Patwardhan，A.D. Industrial waste water treatment. 2008：PHI Learning Pvt. Ltd.

[145] Møller，M.F. A scaled conjugate gradient algorithm for fast supervised learning. Neural networks，1993，6（4）：525-533.

[146] 刘陶文. BFGS 方法及其在求解约束优化问题中的应用. 2006，湖南大学.

[147] Eberhart R，K.J. A new optimizer using particle swarm theory. Micro Machine and Human Science. 1995. IEEE.

[148] Poli，R，J. Kennedy，T. Blackwell. Particle swarm optimization. Swarm intelligence，2007，1（1）：33-57.

[149] Yang，X，J. Yuan，J. Yuan，H. Mao. A modified particle swarm optimizer with dynamic adaptation. Applied Mathematics and Computation，2007，189（2）：1205-1213.

[150] Shi，Y，R. Eberhart. A modified particle swarm optimizer. IEEE World Congress on Computational Intelligence. 1998. Evolutionary Computation Proceedings.

[151] 张维迎. 博弈论与信息经济学. 上海：上海人民出版社，2004.

[152] Kydland，F.E，E.C. Prescott. Rules Rather than Discretion：The Inconsistency of Optimal Plans. Journal of Political Economy，1977，85（3）：473-492.

[153] Batabyal，A.A. Consistency and optimality in a dynamic game of pollution control I：Competition. Environmental and Resource Economics，1996，8（2）：205-220.

[154] Batabyal，A.A. Consistency and optimality in a dynamic game of pollution control II：Monopoly. Environmental and Resource Economics，1996，8（3）：315-330.

[155] Greaker，M. Strategic environmental policy when the governments are threatened by relocation. Resource and Energy Economics，2003，25（2）：141-154.

[156] Helm，D，C. Hepburn，R. Mash. Time Inconsistent Environmental Policy and Optimal Delegation. 2004，Oxford University Department of Economics.

[157] Petrosjan，L，G. Zaccour. Time-consistent Shapley value allocation of pollution cost reduction. Journal of economic dynamics and control，2003，27（3）：381-398.

[158] Moledina，A.A，J.S. Coggins，S. Polasky，C. Costello. Dynamic environmental policy with strategic firms：prices versus quantities. Journal of Environmental Economics and Management，2003，45（2）：356-376.

[159] 龚六堂. 动态经济学方法. 2002，北京：北京大学出版社.

[160] 国家环境保护总局，国家质量监督检验检疫总局，GB 8978—1996 污水综合排放标准. 1996，北京：中国标准出版社.

[161] 国家环境保护总局，国家质量监督检验检疫总局，GB 20426—2006 煤炭工业污染物排放标准. 2006，北京：中国环境科学出版社出版.

[162] 环境保护部，国家质量监督检验检疫总局，GB 28661—2012 铁矿采选工业污染物排放标准. 2012，北京：中国环境科学出版社.

[163] 环境保护部，国家质量监督检验检疫总局，GB 26451—2011 稀土工业污染物排放标准. 2011，北京：中国环境科学出版社.

[164] 环境保护部，国家质量监督检验检疫总局，GB 21909—2008 制糖工业水污染物排放标准. 2008，北京：中国环境科学出版社.

[165] 国家环境保护局，国家技术监督局，GB 13457—92 肉类加工工业水污染物排放标准. 1992，北京：中国环境科学出版社.

[166] 环境保护部，国家质量监督检验检疫总局，水产品加工业水污染物排放标准（征求意见稿）. 北京：中国环境科学出版社.

[167] 环境保护部，国家质量监督检验检疫总局，GB 25461—2010 淀粉工业水污染物排放标准. 2010，北京：中国环境科学出版社.

[168] 环境保护部，国家质量监督检验检疫总局，GB 27631—2011 发酵酒精和白酒工业水污染排放标准. 2011，北京：中国环境出版社.

[169] 国家环境保护总局，国家质量监督检验检疫总局，GB 19821—2005 啤酒工业污染物排放标准. 2005，北京：中国环境科学出版社.

[170] 环境保护部，国家质量监督检验检疫总局，GB 4287—2012 纺织染整工业水污染物排放标准. 2012，北京：中国环境科学出版社.

[171] 环境保护部，国家质量监督检验检疫总局，GB 28937—2012 毛纺工业水污染物排放标准. 2012，北京：中国环境科学出版社.

[172] 环境保护部，国家质量监督检验检疫总局，GB 28937—2012 麻纺工业水污染物排放标准. 2012，北京：中国环境科学出版社.

[173] 环境保护部，国家质量监督检验检疫总局，GB 28936—2012 缫丝工业水污染物排放标准. 2012，北京：中国环境科学出版社.

[174] 环境保护部，国家质量监督检验检疫总局，GB 30486—2013 制革及毛皮加工工业水污染物排放标准. 2013，北京：中国环境科学出版社.

[175] 环境保护部，国家质量监督检验检疫总局，GB 21901—2008 羽绒工业水污染物排放标准. 2008，北京：中国环境科学出版社.

[176] 环境保护部，国家质量监督检验检疫总局，GB 3544—2008 制浆造纸工业水污染物排放标准. 2008，北京：中国环境科学出版社.

[177] 环境保护部，国家质量监督检验检疫总局，GB 16171—2012 炼焦化学工业污染物排放标准. 2012，北京：中国环境科学出版社.

[178] 环境保护部，国家质量监督检验检疫总局，GB 13458—2013 合成氨工业水污染物排放标准. 2013，北京：中国环境科学出版社.

[179] 环境保护部，国家质量监督检验检疫总局，GB 21523—2008 杂环类农药工业水污染物排放标准. 2008，北京：中国环境科学出版社.

[180] 环境保护部，国家质量监督检验检疫总局，GB 21904—2008 化学合成类制药工业水污染物排放标准. 2008，北京：中国环境科学出版社.

[181] 环境保护部，国家质量监督检验检疫总局，GB 21908—2008 混装制剂类制药工业水污染物排放标准. 2008，北京：中国环境科学出版社.

[182] 环境保护部，国家质量监督检验检疫总局，GB 21906—2008 中药类制药工业水污染物排放标准. 2008，北京：中国环境科学出版社.

[183] 环境保护部，国家质量监督检验检疫总局，GB 21907—2008 生物工程类制药工业水污染物排放标准.2008，北京：中国环境科学出版社.

[184] 环境保护部，国家质量监督检验检疫总局，GB 25464—2010 陶瓷工业污染物排放标准.2010，北京：中国环境科学出版社.

[185] 环境保护部，国家质量监督检验检疫总局，GB 13456—2012 钢铁工业水污染物排放标准.2012，北京：中国环境科学出版社.

[186] 环境保护部，国家质量监督检验检疫总局，GB 28666—2012 铁合金工业污染物排放标准.2012，北京：中国环境科学出版社.

[187] 环境保护部，国家质量监督检验检疫总局，GB 25467—2010 铜、镍、钴工业污染物排放标准.2010，北京：中国环境科学出版社.

[188] 环境保护部，国家质量监督检验检疫总局，GB 25466—2010 铅、锌工业污染物排放标准.2010，北京：中国环境科学出版社.

[189] 环境保护部，国家质量监督检验检疫总局，GB 30770—2014 锡、锑、汞工业污染物排放标准.2014，北京：中国环境科学出版社.

[190] 环境保护部，国家质量监督检验检疫总局，GB 25465—2010 铝工业污染物排放标准.2010，北京：中国环境科学出版社.

[191] 环境保护部，国家质量监督检验检疫总局，GB 25468—2010 镁、钛工业污染物排放标准.2010，北京：中国环境科学出版社.

[192] 环境保护部，国家质量监督检验检疫总局，GB 21900—2008 电镀污染物排放标准.2008，北京：中国环境科学出版社.

[193] 环境保护部，国家质量监督检验检疫总局，GB 30484—2013 电池工业污染物排放标准.2013，北京：中国环境科学出版社.

[194] 环境保护部，国家质量监督检验检疫总局，GB 26877—2011 汽车维修业水污染物排放标准.2011，北京：中国环境科学出版社.

[195] 环境保护部，国家质量监督检验检疫总局，GB 18918—2002 城镇污水处理厂污染物排放标准.2002，北京：中国环境科学出版社.

[196] Hernandez-Sancho，F，M. Molinos-Senante，R. Sala-Garrido. Cost modelling for wastewater treatment processes. Desalination，2011，268（1-3）：1-5.

[197] Isaksson，L.H. Abatement costs in response to the Swedish charge on nitrogen oxide emissions. Journal of Environmental Economics and Management，2005，50（1）：102-120.

[198] Tsagarakis，K.P，D.D. Mara，A.N. Angelakis. Application of cost criteria for selection of municipal wastewater treatment systems. Water，Air，and Soil Pollution，2003，142（1）：187-210.

[199] Sipala，S，G. Mancini，F. Vagliasindi. Development of a web-based tool for the calculation of costs of different wastewater treatment and reuse scenarios. IWA Regional Symposium on Water Recycling in the Mediterranean Region. 2002. Iraklion，Greece.

[200] Chen，H.-W，N.-B. Chang. A comparative analysis of methods to represent uncertainty in estimating the cost of constructing wastewater treatment plants. Journal of environmental management，2002，65（4）：383-409.

[201] Gonzalez-Serrano，E，J. Rodriguez-Mirasol，T. Cordero，A. Koussis，J. Rodriguez. Cost of reclaimed municipal wastewater for applications in seasonally stressed semi-arid regions. Journal of Water Supply Research and Technology-Aqua，2005，54（6）：355-369.

[202] Friedler，E，E. Pisanty. Effects of design flow and treatment level on construction and operation costs of municipal wastewater treatment plants and their implications on policy making. Water Res，2006，40（20）：3751-3758.

[203] Fraas，A.G，V.G. Munley. Municipal wastewater treatment cost. Journal of Environmental Economics and Management，1984，11（1）：28-38.

[204] Dasgupta，S，M. Huq，D. Wheeler，C. Zhang. Water Pollution Abatement by Chinese Industry Cost Estimates and Policy Implications. 1996.

[205] Dasgupta，S，M. Huq，D. Wheeler，C. Zhang. Water pollution abatement by Chinese industry：cost estimates and policy implications. Applied Economics，2010，33（4）：547-557.

[206] 谭雪，石磊，陈卓琨，等. 基于全国 227 个样本的城镇污水处理厂治理全成本分析. 给

水排水，2015，41（5）：30-34.

[207] Weitzman，M.L. Optimal Rewards for Economic Regulation. The American Economic Review，1978，68（4）：683-691.

[208] 全国人民代表大会常务委员会. 中华人民共和国环境保护税法.北京：法律出版社，2016.

附 录

附表 1 部分试点地区排放权有偿使用价格

单位：A 类：元/t
B 类：元/（t·a）

试点地区		开始执行日期	有效期	COD	NH₃-N	SO₂	NOₓ	TP	文件名
重庆		2015 年 1 月 1 日	无明确规定	6 800 A	—	976 B	—	—	重庆市主城区二氧化硫排放权有偿使用试点方案
湖南省		2013 年 7 月 1 日	五年ª	230 Bᵇ	260 B	200 B	200 B	—	湖南省主要污染物排放权有偿使用收费和交易政府指导价价格标准
江苏省		2009 年 2 月 17 日	五年	—	—	2 240 Bᶜ	—	—	江苏省二氧化硫排放权有偿使用和交易管理办法
	太湖流域	2011 年 7 月 1 日ᵍ	五年	2008 年 11 月 20 日前通过环评审批 2 250 Aᵈ	11 000 Bᵉ	—	—	42 000 Bᶠ	江苏省太湖流域主要水污染物排放权有偿使用和交易试点排放指标申购核定暂行办法有偿使用收费标准的通知
		2012 年 1 月 1 日ⁱ		2008 年 11 月 20 日以后通过环评审批 1 300 Aʰ 4 500 B	6 000 Bⁱ	—	—	23 000 Bⁱ	

试点地区	开始执行日期	有效期	COD	NH₃-N	SO₂	NOₓ	TP	文件名
无锡	2011年7月1日	五年	25 000 A	55 000 A	15 000 A	—	21 000 A	无锡市主要污染物排放权有偿使用和交易实施细则
内蒙古自治区		五年	1 000 B	—	500 B	500 B	—	排放权交易试点工作座谈会报告（2013年6月14日重庆）
浙江	2012年5月17日	一年^z	总装机容量30万kW以上燃煤发电企业 4 000 B	—	1 000 B	—	—	30万千瓦以上燃煤发电企业初始排放权有偿使用费征收标准
温州	2013年7月1日	无明确规定	4 000 B	4 000 B	1 000 B	1 000 B	—	温州市排放权有偿使用费征收标准
上虞	2010年1月13日	五年	工业园区 800 A；其他 1 000 A	—	—	—	—	上虞市排放权有偿使用和交易实施办法
嘉兴	2010年7月1日	五年	重污染类 20 000 A；限制类 15 000 A；鼓励类 12 500 A	—	5 000 A	—	—	嘉兴市主要污染物排放权有偿使用实施细则
		二十年	重污染类 80 000 A；限制类 60 000 A；鼓励类 50 000 A	—	20 000 A	—	—	
海宁	2011年5月1日	五年	4 000 A	—	1 000 A	—	—	海宁市主要污染物排放权有偿使用和交易办法（试行）
长兴	2010年12月12日	五年	25 000 A	50 000 A	10 000 A	—	50 000 A	长兴县主要污染物排放权有偿使用和交易管理实施细则（试行）

（注：浙江省包括温州、上虞、嘉兴、海宁、长兴）

试点地区		开始执行日期	有效期	COD	NH₃-N	SO₂	NOₓ	TP	文件名
浙江省	平湖	2011 年 1 月 1 日	五年	20 000 A	—	5 000 A	—	—	平湖市主要污染物初始排放权有偿使用实施办法（试行）
		2011 年 1 月 2 日	二十年	80 000 A	—	20 000 A	—	—	
	衢州	2014 年 2 月 1 日	与排污许可证一致	4 000 B	4 000 B	1 000 B	1 000 B	—	关于衢州市初始排放权有偿使用费征收标准的通知
	丽水	2014 年 7 月 1 日	与排污许可证一致	4 000 B	4 000 B	1 000 B	1 000 B	—	丽水市初始排放权有偿使用费征收标准的通知
陕西省			无明确规定	12 000 A	12 000 A	6 000 A	6 000 A	—	排放权交易试点工作座谈会报告（2013 年 6 月 14 日重庆）

注：a 湖南省主要污染物排放权有偿使用和交易实施细则（2010.11）；

b 现有企业；

c 电力、钢铁、水泥、石化、玻璃；

d 年排放量 10 t 以上的工业企业；

e 纺织印染、化学工业、造纸、食品、电镀、电子行业；

f 纺织印染、化学工业、造纸、食品、电镀、电子行业；

g 纺织印染、化学工业、造纸、食品、电镀、电子行业；

h 年排放化学需氧量在 10 t 以上的接管企业、接纳污水中工业废水量大于 80% 的城镇污水处理厂、排放化学需氧量 10 t 及以下、其废水接入试点污水处理厂集中处理的排污单位；

i 污水处理及农业重点污染源；

z 浙江省排放权有偿使用和交易试点工作暂行办法实施细则。

附表 2　各行业 2013 年毛利率

行业代码	行业名称	毛利率/%	来源
6	煤炭开采和洗选业	19.34	http://www.chyxx.com/industry/201406/250012.html
61	烟煤和无烟煤开采洗选	23.85	http://www.askci.com/chanye/2015/02/05/164630yu5v.shtml
62	褐煤开采洗选	20.60	http://www.chyxx.com/industry/201406/252624.html
69	其他煤炭采选	22.72	http://www.chyxx.com/industry/201406/252635.html
7	石油和天然气开采业	51.72	http://www.chyxx.com/industry/201406/250023.html
71	石油开采	51.72	参考行业 7
72	天然气开采	51.72	参考行业 7
8	黑色金属矿采选业	18.58	参考行业 9
81	铁矿采选	18.58	参考行业 9
82	锰矿、铬矿采选	18.58	参考行业 9
89	其他黑色金属矿采选	18.58	http://www.chyxx.com/industry/201406/250026.html
9	有色金属矿采选业	18.58	http://www.chyxx.com/industry/201406/250029.html
91	常用有色金属矿采选	20.46	http://www.chyxx.com/industry/201406/252662.html
92	贵金属矿采选	18.58	参考行业 9
93	稀有稀土金属矿采选	18.58	参考行业 9
10	非金属矿采选业	19.78	http://www.chyxx.com/industry/201406/250031.html
101	土砂石开采	18.24	http://www.chyxx.com/industry/201406/259766.html
102	化学矿开采	26.66	http://www.chyxx.com/industry/201406/259767.html
103	采盐	23.49	http://www.chyxx.com/industry/201406/259768.html
109	石棉及其他非金属矿采选	20.08	http://www.chyxx.com/industry/201406/259769.html
11	开采辅助活动	—	—
111	煤炭开采和洗选辅助活动	19.34	参考行业 6
112	石油和天然气开采辅助活动	51.72	参考行业 7
119	其他开采辅助活动	19.34	参考行业 6
12	其他采矿业	19.34	参考行业 6
13	农副食品加工业	—	—
131	谷物磨制	12.42	http://big5.askci.com/chanye/2015/02/13/15501740cn.shtml
132	饲料加工	11.86	http://m.askci.com/chanye/35010.html

行业代码	行业名称	毛利率/%	来源
133	植物油加工	7.52	http://www.chyxx.com/industry/201406/259775.html
134	制糖业	15.46	http://www.askci.com/chanye/2015/02/13/165258mqzi.shtml
135	屠宰及肉类加工	13.31	http://www.askci.com/chanye/2015/02/13/1733218415.shtml
136	水产品加工	13.43	http://www.askci.com/chanye/2015/02/15/171840kbs7.shtml
137	蔬菜水果和坚果加工	15.11	http://www.chyxx.com/industry/201407/263596.html
139	其他农副食品加工	9.10	http://wenku.baidu.com/view/412183d249649b6648d747a3.html？re=view
14	食品制造	26.69	http://www.askci.com/chanye/2015/02/15/1745574izp.shtml
141	焙烤食品制造	20.57	http://www.chyxx.com/industry/201407/263600.html
142	糖果、巧克力及蜜饯制造	24.67	http://www.chyxx.com/industry/201407/263604.html
143	方便食品制造	18.08	http://www.chyxx.com/industry/201407/263605.html
144	乳制品制造	21.88	http://www.chyxx.com/industry/201405/247255.html
145	罐头食品制造	14.37	http://www.chyxx.com/industry/201407/264147.html
146	调味品、发酵制品制造	17.78	http://www.chyxx.com/industry/201405/247597.html
149	其他食品制造	13.97	http://www.chyxx.com/industry/201405/246871.html
15	酒、饮料和精制茶制造业	26.83	http://www.chyxx.com/industry/201406/250043.html
151	酒的制造	30.00	http://wenku.baidu.com/view/cefd701ea300a6c30c229f9d.html
152	饮料制造	23.29	http://www.chyxx.com/industry/201407/264163.html
153	精制茶加工	20.90	http://www.chyxx.com/industry/201407/264165.html
16	烟草制品业		
161	烟叶复烤	30.49	http://www.chyxx.com/industry/201405/249080.html
162	卷烟制造	75.96	http://www.chyxx.com/industry/201407/260549.html
169	其他烟草制品制造	32.78	http://www.chyxx.com/industry/201407/260563.html
17	纺织业		
171	棉纺织及印染精加工	10.79	http://www.chyxx.com/industry/201407/260564.html
172	毛纺织及染整精加工	11.73	http://www.chyxx.com/industry/201407/260578.html
173	麻纺织及染整精加工	14.05	http://www.chyxx.com/industry/201407/260586.html
174	丝绢纺织及印染精加工	11.55	http://www.chyxx.com/industry/201407/260613.html
175	化纤织造及印染精加工	10.79	参考行业171

行业代码	行业名称	毛利率/%	来源
176	针织或钩针编织物及其制品制造	10.79	参考行业 171
177	家用纺织制成品制造	10.79	参考行业 171
178	非家用纺织制成品制造	10.79	参考行业 171
18	纺织服装、服饰业		
181	机织服装制造	16.30	http://www.ttmn.com/news/details/694000
182	针织或钩针编织服装制造	13.67	http://www.ttmn.com/news/details/694000
183	服饰制造	15.85	http://www.ttmn.com/news/details/694000
19	皮革毛皮羽毛及其制品和制鞋业		
191	皮革鞣制加工	16.41	http://www.askci.com/chanye/2015/02/12/173125kc5e.shtml
192	皮革制品制造	17.62	http://m.askci.com/chanye/34887.html
193	毛皮鞣制及制品加工	12.75	http://www.chyxx.com/industry/201407/260623.html
194	羽毛（绒）加工及制品制造	11.22	http://www.chyxx.com/industry/201407/260625.html
195	制鞋业	53.01	http://www.chinairn.com/news/20140506/122403312.shtml
20	木材加工和木、竹、藤、棕、草制品业		
201	木材加工	15.05	http://www.chyxx.com/industry/201407/260630.html
202	人造板制造	14.19	参考行业 203
203	木制品制造	14.19	http://www.chyxx.com/industry/201406/251639.html
204	竹、藤、棕、草等制品制造	14.19	http://www.chyxx.com/industry/201406/251639.html
21	家具制造业		
211	木质家具制造	15.84	http://www.chyxx.com/industry/201407/260637.html
212	竹、藤家具制造	17.03	http://www.chyxx.com/industry/201407/260638.html
213	金属家具制造	16.64	http://www.chyxx.com/industry/201407/260639.html
214	塑料家具制造	12.18	http://www.chyxx.com/industry/201407/260640.html
219	其他家具制造	15.74	http://www.chyxx.com/industry/201407/260643.html
22	造纸和纸制品业		
221	纸浆制造	15.30	http://www.chyxx.com/industry/201407/260547.html
222	造纸	12.73	http://www.chyxx.com/industry/201407/260550.html
223	纸制品制造	15.01	http://www.chyxx.com/industry/201407/260997.html
23	印刷和记录媒介复制业		

行业代码	行业名称	毛利率/%	来源
231	印刷	17.10	http://www.chyxx.com/industry/201407/261009.html
232	装订及印刷相关服务	18.06	http://www.chyxx.com/industry/201407/261017.html
233	记录媒介复制	17.10	参考行业 233
24	文教、工美、体育和娱乐用品制造业		
241	文教办公用品制造	16.05	http://www.chyxx.com/industry/201407/261031.html
242	乐器制造	14.54	http://www.chyxx.com/industry/201407/261035.html
243	工艺美术品制造	16.05	参考行业 241
244	体育用品制造	16.05	参考行业 241
245	玩具制造	16.05	参考行业 241
246	游艺器材及娱乐用品制造	16.76	http://www.chyxx.com/industry/201407/261042.html
25	石油加工、炼焦和核燃料加工业		
251	精炼石油产品制造	13.30	http://www.chyxx.com/industry/201407/261049.html
252	炼焦	8.60	http://www.chyxx.com/industry/201407/261052.html
253	核燃料加工	12.62	http://www.chyxx.com/industry/201406/251655.html
26	化学原料和化学制品制造业		
261	基础化学原料制造	11.69	http://www.chyxx.com/industry/201407/261057.html
262	氮肥制造	12.75	http://www.chyxx.com/industry/201407/261061.html
263	农药制造	13.71	http://www.chyxx.com/industry/201406/251656.html
264	涂料、油墨、颜料及类似产品制造	17.33	http://www.chyxx.com/industry/201407/261073.html
265	合成材料制造	9.83	http://www.chyxx.com/industry/201407/261077.html
266	专用化学产品制造	15.82	http://www.askci.com/chanye/2015/02/10/16855j7ty.shtml
267	炸药、火工及焰火产品制造	—	—
268	日用化学产品制造	—	—
27	医药制造业	40.67	http://www.askci.com/chanye/2015/02/10/164281wnq.shtml
271	化学药品原料药制造	40.67	参考行业 27
272	化学药品制剂制造	40.67	参考行业 27
273	中药饮片加工	40.67	参考行业 27
274	中成药生产	40.67	参考行业 27
275	兽用药品制造	40.67	参考行业 27

行业代码	行业名称	毛利率/%	来源
276	生物药品制造	40.67	参考行业 27
277	卫生材料及医药用品制造	40.67	参考行业 27
28	化学纤维制造业	8.70	http://www.askci.com/chanye/2015/02/10/172355didq.shtml
281	纤维素纤维原料及纤维制造	8.70	参考行业 28
282	合成纤维制造	8.70	参考行业 28
29	橡胶和塑料制品业		
291	橡胶制品业	17.50	http://www.askci.com/chanye/2015/02/10/173736mifu.shtml
292	塑料制品业	16.03	http://www.askci.com/chanye/2015/02/10/162734h18z.shtml
30	非金属矿物制品业		
301	水泥、石灰和石膏制造	16.85	http://www.chyxx.com/industry/201406/257757.html
302	石膏、水泥制品及类似制品制造	16.85	参考行业 301
303	砖瓦、石材等建筑材料制造	15.83	http://www.chyxx.com/industry/201406/258380.html
304	玻璃制造	—	—
305	玻璃制品制造	—	—
306	玻璃纤维和玻璃纤维增强塑料制品制造	—	—
307	陶瓷制品制造	21.06	http://www.askci.com/chanye/2015/02/10/171747wysx.shtml
308	耐火材料制品制造	20.22	http://www.askci.com/chanye/2015/02/10/1735569ynp.shtml
309	石墨及其他非金属矿物制品制造	14.46	http://www.chyxx.com/industry/201406/258385.html
31	黑色金属冶炼和压延加工业		
311	炼铁	6.85	http://www.askci.com/chanye/2015/02/11/1624282g52.shtml
312	炼钢	6.11	http://www.askci.com/chanye/2015/02/11/1649539fge.shtml
313	黑色金属铸造	7.51	参考行业 32
314	钢压延加工	7.51	参考行业 32

行业代码	行业名称	毛利率/%	来源
315	铁合金冶炼	7.51	参考行业 32
32	有色金属冶炼和压延加工业	7.51	http://www.askci.com/chanye/2015/02/11/17334day6.shtml
321	常用有色金属冶炼	7.51	参考行业 32
322	贵金属冶炼	7.51	参考行业 32
323	稀有稀土金属冶炼	7.51	参考行业 32
324	有色金属合金制造	7.51	参考行业 32
325	有色金属铸造	7.51	参考行业 32
326	有色金属压延加工	7.51	参考行业 32
33	金属制品业		
331	结构性金属制品制造	13.17	http://www.chyxx.com/industry/201406/252071.html
332	金属工具制造	13.17	参考行业 331
333	集装箱及金属包装容器制造	13.17	参考行业 331
334	金属丝绳及其制品制造	13.17	参考行业 331
335	建筑、安全用金属制品制造	13.17	参考行业 331
336	金属表面处理及热处理加工	29.10	www.cninfo.com.cn/finalpage/2014-03-18/63685637.PDF
337	搪瓷制品制造	16.18	http://www.askci.com/chanye/2015/02/07/1582805rm.shtml
338	金属制日用品制造	13.17	参考行业 331
339	其他金属制品制造	12.81	http://www.chyxx.com/industry/201407/268571.html
34	通用设备制造业	16.23	http://www.chyxx.com/industry/201406/252076.html
341	锅炉及原动设备制造	13.17	参考行业 331
342	金属加工机械制造	18.89	http://www.askci.com/chanye/2015/02/10/153045fqtx.shtml
343	物料搬运设备制造	13.17	参考行业 331
344	泵、阀门、压缩机及类似机械制造	13.17	参考行业 331
345	轴承、齿轮和传动部件制造	18.64	http://www.askci.com/chanye/2015/02/10/16157du6i.shtml
346	烘炉、风机、衡器、包装等设备制造	17.36	http://www.chyxx.com/industry/201407/268589.html
347	文化、办公用机械制造	10.20	http://www.chyxx.com/industry/201407/268594.html
348	通用零部件制造	13.17	参考行业 331

行业代码	行业名称	毛利率/%	来源
349	其他通用设备制造业	16.23	http://www.chyxx.com/industry/201406/252076.html
35	专用设备制造业	19.60	http://www.askci.com/chanye/2015/02/09/1689zylx.shtml
351	采矿、冶金、建筑专用设备制造	19.60	参考行业 351
352	化工、木材、非金属加工专用设备制造	19.60	参考行业 351
353	食品、饮料、烟草及饲料生产专用设备制造	19.60	参考行业 351
354	印刷、制药、日化及日用品生产专用设备制造	19.60	参考行业 351
355	纺织、服装和皮革加工专用设备制造	19.60	参考行业 351
356	电子和电工机械专用设备制造	19.60	参考行业 351
357	农、林、牧、渔专用机械制造	19.60	参考行业 351
358	医疗仪器设备及器械制造	19.60	参考行业 351
359	环保、社会公共服务及其他专用设备制造	19.60	参考行业 351
36	汽车制造业	16.89	http://www.chyxx.com/industry/201406/252095.html
361	汽车整车制造	20.33	http://www.askci.com/chanye/2015/02/13/1429198q41.shtml
362	改装汽车制造	16.89	参考行业 36
363	低速载货汽车制造	16.89	参考行业 36
364	电车制造	16.89	参考行业 36
365	汽车车身、挂车制造	16.89	参考行业 36
366	汽车零部件及配件制造	16.89	参考行业 36
37	铁路、船舶、航空航天和其他运输设备制造业		
371	铁路运输设备制造	—	—
372	城市轨道交通设备制造	—	—
373	船舶及相关装置制造	—	—
374	航空、航天器及设备制造	—	—

行业代码	行业名称	毛利率/%	来源
375	摩托车制造	16.40	http://www.askci.com/chanye/2015/02/13/15240vz5y.shtml
376	自行车制造	13.93	http://www.askci.com/chanye/2015/02/13/15145335az.shtml
377	非公路休闲车及零配件制造	—	—
379	潜水救捞及其他未列明运输设备制造	—	—
38	电气机械和器材制造业	14.57	http://www.chyxx.com/industry/201406/252102.html
381	电机制造	16.46	http://m.askci.com/chanye/35007.html
382	输配电及控制设备制造	14.57	参考行业 38
383	电线、电缆、光缆及电工器材制造	14.57	参考行业 38
384	电池制造	12.14	http://www.askci.com/chanye/2015/02/13/16272501kk.shtml
385	家用电力器具制造	14.57	参考行业 38
386	非电力家用器具制造	14.57	参考行业 38
387	照明器具制造	14.57	参考行业 38
389	其他电气机械及器材制造	14.57	参考行业 38
39	计算机、通信和其他电子设备制造业	10.93	http://www.chyxx.com/industry/201406/256152.html
391	计算机制造	10.93	参考行业 39
392	通信设备制造	10.93	参考行业 39
393	广播电视设备制造	10.93	参考行业 39
394	雷达及配套设备制造	10.93	参考行业 39
395	视听设备制造	10.93	参考行业 39
396	电子器件制造	10.93	参考行业 39
397	电子元件制造	10.93	参考行业 39
399	其他电子设备制造	10.93	参考行业 39
40	仪器仪表制造业	18.96	http://www.chyxx.com/industry/201406/256155.html
401	通用仪器仪表制造	18.96	参考行业 40
402	专用仪器仪表制造	18.96	参考行业 40
403	钟表与计时仪器制造	18.96	参考行业 40
404	光学仪器及眼镜制造	18.96	参考行业 40
409	其他仪器仪表制造业	18.96	参考行业 40

行业代码	行业名称	毛利率/%	来源
41	其他制造业		
411	日用杂品制造	—	—
412	煤制品制造	—	—
413	核辐射加工	—	—
419	其他未列明制造业	—	—
42	废弃资源综合利用业	8.12	http://www.chyxx.com/industry/201406/256163.html
421	金属废料和碎屑加工处理	8.12	参考行业42
422	非金属废料和碎屑加工处理	8.12	参考行业42
43	金属制品、机械和设备修理业		
431	金属制品修理	—	—
432	通用设备修理	—	—
433	专用设备修理	—	—
434	铁路、船舶、航空航天等运输设备修理	—	—
435	电气设备修理	—	—
436	仪器仪表修理	—	—
439	其他机械和设备修理业	—	—
44	电力、热力生产和供应业	6.56	http://www.chyxx.com/industry/201408/270587.html
441	电力生产	44.25	http://www.chyxx.com/industry/201408/270356.html
442	电力供应	4.80	http://www.chyxx.com/industry/201408/270597.html
443	热力生产和供应	6.56	http://www.chyxx.com/industry/201408/270587.html
45	燃气生产和供应业		
46	水的生产和供应业	24.37	http://www.chyxx.com/industry/201406/256185.html
461	自来水生产和供应		
462	污水处理及其再生利用	23.76	http://www.chyxx.com/industry/201408/270591.html
469	其他水的处理、利用与分配		

关于排污收费是否影响有偿使用政策效果的配对 t 检验。

附表3　情景1和情景2的最优社会总收益配对 *t* 检验

Variable	Obs	Mean	Std. Err.	Std. Dev.	[95 Conf.	Interval]
WS1P0	31	3 543 787	579 383.9	3 225 873	2 360 527	4 727 046
WS2P0	31	3 543 783	579 382.5	3 225 865	2 360 526	4 727 040
diff	31	3.258 065	8.813 475	49.071 35	−14.741 45	21.257 58
mean（diff）= mean（WS1P0 - WS2P0）				*t* =0.369 7		
Ho：mean（diff）= 0				degrees of freedom =30		
Ha：mean（diff）<0	Ha：mean（diff）!= 0		Ha：mean（diff）>0			
Pr（*T*<*t*）= 0.642 9	Pr（|*T*|>|*t*|）= 0.714 2		Pr（*T*>*t*）= 0.357 1			

附表4　情景3和情景4最优社会总收益配对 *t* 检验

Variable	Obs	Mean	Std. Err.	Std. Dev.	[95 Conf.	Interval]
WS1P1	31	3 412 946	526 140.9	2 929 428	2 338 423	4 487 469
WS2P1	31	3 412 926	526 158.8	2 929 528	2 338 367	4 487 486
diff	31	20.096 77	181.104 3	1 008.346	−349.767 5	389.961
mean（diff）= mean（WS1P1 - WS2P1）				*t* = 0.111 0		
Ho：mean（diff）= 0				degrees of freedom = 30		
Ha：mean（diff）< 0	Ha：mean（diff）!= 0		Ha：mean（diff）> 0			
Pr（*T*<*t*）= 0.543 8	Pr（|*T*|>|*t*|）= 0.912 4		Pr（*T*>*t*）= 0.456 2			

附表5　情景1和情景2下COD排放量的配对 *t* 检验

Variable	Obs	Mean	Std. Err.	Std. Dev.	[95 Conf.	Interval]
CODS1P0	31	39 187.38	7 310.687	40 704.18	24 256.97	54 117.79
CODS2P0	31	39 177.22	7 312.349	40 713.43	24 243.42	54 111.03
diff	31	10.155 89	11.115 3	61.887 39	−12.544 59	32.856 37
mean（diff）= mean（CODS1P0- CODS2P0）				*t* = 0.913 7		
Ho：mean（diff）= 0				degrees of freedom = 30		
Ha：mean（diff）< 0	Ha：mean（diff）!= 0		Ha：mean（diff）> 0			
Pr（*T*<*t*）= 0.815 9	Pr（|*T*|>|*t*|）= 0.368 2		Pr（*T*>*t*）= 0.184 1			

附表 6　情景 3 和情景 4 下 COD 排放量的配对 t 检验

Variable	Obs	Mean	Std. Err.	Std. Dev.	[95 Conf.	Interval]
CODS1P1	31	35 763.59	5 915.427	32 935.7	23 682.67	47 844.5
CODS2P1	31	35 714.42	5 916.588	32 942.17	23 631.13	47 797.7
diff	31	49.167 17	36.511 91	203.289 7	−25.400 09	123.734 4
mean（diff）= mean（CODS1P1 - CODS2P1）					$t = 1.346\ 6$	
Ho：mean（diff）= 0					degrees of freedom = 30	
Ha：mean（diff）< 0		Ha：mean（diff）!= 0		Ha：mean（diff）> 0		
Pr（$T{<}t$）= 0.905 9		Pr（$|T|{>}|t|$）= 0.188 2		Pr（$T{>}t$）= 0.094 1		

附表 7　情景 1 和情景 2 下 NH$_3$-N 排放量的配对 t 检验

Variable	Obs	Mean	Std. Err.	Std. Dev.	[95 Conf.	Interval]
NH3NS1P0	31	11 695.38	4 713.162	26 241.78	2 069.819	21 320.94
NH3NS2P0	31	7 334.212	1 006.505	5 603.982	5 278.655	9 389.769
diff	31	4 361.168	4 354.224	24 243.29	−4 531.343	13 253.68
mean（diff）= mean（NH3NS1P0 - NH3NS2P0）					$t = 1.001\ 6$	
Ho：mean（diff）= 0					degrees of freedom = 30	
Ha：mean（diff）<0		Ha：mean（diff）!= 0		Ha：mean（diff）> 0		
Pr（$T{<}t$）= 0.837 7		Pr（$|T|{>}|t|$）= 0.324 6		Pr（$T{>}t$）= 0.162 3		

附表 8　情景 3 和情景 4 下 NH$_3$-N 排放量的配对 t 检验

Variable	Obs	Mean	Std. Err.	Std. Dev.	[95 Conf.	Interval]
NH3NS1P1	31	7 214.919	934.423 1	5 202.648	5 306.572	9 123.265
NH3NS2P1	31	7 222.571	936.578 3	5 214.647	5 309.823	9 135.319
diff	31	−7.652 266	4.645 902	25.867 29	−17.140 46	1.835 931
mean（diff）= mean（NH3NS1P1 - NH3NS2P1）					$t = -1.647\ 1$	
Ho：mean（diff）= 0					degrees of freedom = 30	
Ha：mean（diff）< 0		Ha：mean（diff）!= 0		Ha：mean（diff）> 0		
Pr（$T{<}t$）= 0.055 0		Pr（$|T|{>}|t|$）= 0.110 0		Pr（$T{>}t$）= 0.945 0		

附表 9　按行业情景 1-情景 2 的投资企业数量配对 t 检验

Variable	Obs	Mean	Std. Err.	Std. Dev.	[95 Conf.	Interval]
InveS1P0ind	37	0.566 814 9	0.024 362 8	0.148 192 9	0.517 404 9	0.616 224 9
InveS2P0ind	37	0.565 341 2	0.024 419 9	0.148 540 2	0.515 815 4	0.614 867
diff	37	0.001 473 7	0.000 492 2	0.002 994 1	0.000 475 5	0.002 472
mean（diff）= mean（InveS1P0indu - InveS2P0indu）					$t = 2.994\ 1$	
Ho：mean（diff）= 0					degrees of freedom = 36	
Ha：mean（diff）< 0	Ha：mean（diff）!= 0		Ha：mean（diff）> 0			
Pr（$T<t$）= 0.997 5	Pr（$|T|>|t|$）= 0.005 0		Pr（$T>t$）= 0.002 5			

附表 10　按行业情景 3-情景 4 投资企业数量配对 t 检验

Variable	Obs	Mean	Std. Err.	Std. Dev.	[95 Conf.	Interval]
InveS1P1ind	37	0.566 629 8	0.024 384	0.148 321 8	0.517 176 9	0.616 082 8
InveS2P1ind	37	0.567 278	0.024 4	0.148 419 6	0.517 792 4	0.616 763 5
diff	37	−0.000 648 1	0.000 443 4	0.002 697 3	−0.001 547 5	0.000 251 2
mean（diff）= mean（InveS1P1indu - InveS2P1indu）					$t = -1.461\ 6$	
Ho：mean（diff）= 0					degrees of freedom = 36	
Ha：mean（diff）< 0	Ha：mean（diff）!= 0		Ha：mean（diff）> 0			
Pr（$T<t$）= 0.076 3	Pr（$|T|>|t|$）= 0.152 5		Pr（$T>t$）= 0.923 7			

附表 11　按行业情景 1-情景 2 停产企业数量配对 t 检验

Variable	Obs	Mean	Std. Err.	Std. Dev.	[95 Conf.	Interval]
SDS1P0ind	20	0.019 289 8	0.005 785 6	0.025 874 1	0.007 180 3	0.031 399 2
SDS2P0ind	20	0.019 937 3	0.006 125 6	0.027 394 7	0.007 116 2	0.032 758 4
diff	20	−0.000 647 5	0.000 522 6	0.002 337 1	−0.001 741 3	0.000 446 3
mean（diff）= mean（SDS1P0indu - SDS2P0indu）					$t = -1.239\ 0$	
Ho：mean（diff）= 0					degrees of freedom =19	
Ha：mean（diff）< 0	Ha：mean（diff）!= 0		Ha：mean（diff）> 0			
Pr（$T<t$）= 0.115 2	Pr（$|T|>|t|$）= 0.230 4		Pr（$T>t$）= 0.884 8			

附表 12　按行业情景 3-情景 4 的停产企业数量配对 *t* 检验

Variable	Obs	Mean	Std. Err.	Std. Dev.	[95 Conf.	Interval]
SDS1P1ind	20	0.022 487 9	0.006 447 3	0.028 833 1	0.008 993 6	0.035 982 2
SDS2P1ind	20	0.025 042 3	0.006 205 5	0.027 751 9	0.012 054	0.038 030 6
diff	20	−0.002 554 3	0.001 193 7	0.005 338 3	−0.005 052 7	−0.000 056
mean（diff）= mean（SDS1P1indu - SDS2P1indu）					*t* = −2.139 9	
Ho：mean（diff）= 0					degrees of freedom = 19	
Ha：mean（diff）< 0		Ha：mean（diff）!= 0		Ha：mean（diff）> 0		
Pr（*T*<*t*）= 0.022 8		Pr（|*T*|>|*t*|）= 0.045 6		Pr（*T*>*t*）= 0.977 2		

附表 13　按区域情景 1-情景 2 的投资企业数量配对 *t* 检验

Variable	Obs	Mean	Std. Err.	Std. Dev.	[95 Conf.	Interval]
InveS1P0area	31	0.572 241 6	0.017 246 7	0.096 025 4	0.537 019 2	0.607 464 1
InveS2P0area	31	0.567 834 6	0.017 230 6	0.095 935 7	0.532 645 1	0.603 024
diff	31	0.004 407 1	0.001 963 6	0.010 932 6	0.000 397	0.008 417 2
mean（diff）= mean（InveS1P0area - InveS2P0area）					*t* = 2.244 4	
Ho：mean（diff）= 0					degrees of freedom = 30	
Ha：mean（diff）< 0		Ha：mean（diff）!= 0		Ha：mean（diff）> 0		
Pr（*T*<*t*）= 0.983 8		Pr（|*T*|>|*t*|）= 0.032 3		Pr（*T*>*t*）= 0.016 2	.	

附表 14　按区域情景 3-情景 4 的投资企业数量配对 *t* 检验

Variable	Obs	Mean	Std. Err.	Std. Dev.	[95 Conf.	Interval]
InveS1P1area	31	0.557 088 3	0.018 977 5	0.105 662 5	0.518 331	0.595 845 6
InveS2P1area	31	0.571 405 7	0.017 317 2	0.096 418 2	0.536 039 2	0.606 772 1
diff	31	−0.014 317 4	0.014 526 6	0.080 880 5	−0.043 984 6	0.015 349 8
mean（diff）= mean（InveS1P1area - InveS2P1area）					*t* = −0.985 6	
Ho：mean（diff）= 0					degrees of freedom = 30	
Ha：mean（diff）< 0		Ha：mean（diff）!= 0		Ha：mean（diff）> 0		
Pr（*T*<*t*）= 0.166 1		Pr（|*T*|>|*t*|）= 0.332 2		Pr（*T*>*t*）= 0.833 9		

附表 15　按区域情景 1-情景 2 的停产企业数量配对 t 检验

Variable	Obs	Mean	Std. Err.	Std. Dev.	[95 Conf.	Interval]
SDS1P0area	20	0.016 245 1	0.002 950 3	0.013 194	0.010 070 1	0.022 420 1
SDS2P0area	20	0.013 709 1	0.002 348 3	0.010 501 9	0.008 794 1	0.018 624 2
diff	20	0.002 536	0.001 372 1	0.006 136	−0.000 335 8	0.005 407 7
mean（diff）= mean（SDS1P0area - SDS2P0area）					$t = 1.848\ 3$	
Ho：mean（diff）= 0					degrees of freedom = 19	
Ha：mean（diff）< 0	Ha：mean（diff）!= 0		Ha：mean（diff）> 0			
Pr（$T<t$）= 0.959 9	Pr（$|T|>|t|$）= 0.080 2		Pr（$T>t$）= 0.040 1			

附表 16　按区域情景 3-情景 4 的停产企业数量配对 t 检验

Variable	Obs	Mean	Std. Err.	Std. Dev.	[95 Conf.	Interval]
SDS1P1area	20	0.065 514 8	0.015 652 7	0.070 001	0.032 753 4	0.098 276 3
SDS2P1area	20	0.064 329 3	0.015 364 4	0.068 711 6	0.032 171 3	0.096 487 3
diff	20	0.001 185 5	0.001 473 2	0.006 588 2	−0.001 897 9	0.004 268 9
mean（diff）= mean（SDS1P1area - SDS2P1area）					$t = 0.804\ 7$	
Ho：mean（diff）= 0					degrees of freedom = 19	
Ha：mean（diff）< 0	Ha：mean（diff）!= 0		Ha：mean（diff）> 0			
Pr（$T<t$）= 0.784 5	Pr（$|T|>|t|$）= 0.430 9		Pr（$T>t$）= 0.215 5			

附表 17　情景 1 和情景 3 社会总收益配对 t 检验

Variable	Obs	Mean	Std. Err.	Std. Dev.	[95 Conf.	Interval]
WS1P0	31	3 543 787	579 383.9	3 225 873	2 360 527	4 727 046
WS1P1	31	3 412 946	526 140.9	2 929 428	2 338 423	4 487 469
diff	31	130 840.3	63 341.07	352 668.1	1 480.603	260 200
mean（diff）= mean（WS1P0 - WS1P1）					$t = 2.065\ 6$	
Ho：mean（diff）= 0					degrees of freedom = 30	
Ha：mean（diff）< 0	Ha：mean（diff）!= 0		Ha：mean（diff）> 0			
Pr（$T<t$）= 0.976 2	Pr（$|T|>|t|$）= 0.047 6		Pr（$T>t$）= 0.023 8			

附表 18　情景 2 和情景 4 社会总收益配对 t 检验

Variable	Obs	Mean	Std. Err.	Std. Dev.	[95 Conf.	Interval]
WS2P0	31	3 543 783	579 382.5	3 225 865	2 360 526	4 727 040
WS2P1	31	3 412 926	526 158.8	2 929 528	2 338 367	4 487 486
diff	31	130 857.2	63 330.37	352 608.6	1 519.291	260 195
mean（diff）= mean（WS2P0 - WS2P1）				$t = 2.066\ 3$		
Ho: mean（diff）= 0				degrees of freedom = 30		
Ha: mean（diff）< 0	Ha: mean（diff）!= 0		Ha: mean（diff）> 0			
Pr（$T<t$）= 0.976 2	Pr（$|T|>|t|$）= 0.047 5		Pr（$T>t$）= 0.023 8			

附表 19　情景 1 和情景 3 下 COD 排放量的配对 t 检验

Variable	Obs	Mean	Std. Err.	Std. Dev.	[95 Conf.	Interval]
CODS1P0	31	39 187.38	7 310.687	40 704.18	24 256.97	54 117.79
CODS1P1	31	35 763.59	5 915.427	32 935.7	23 682.67	47 844.5
diff	31	3 423.794	1 651.691	9 196.224	50.592 33	6 796.996
mean（diff）= mean（CODS1P0 - CODS1P1）				$t = 2.072\ 9^{**}$		
Ho: mean（diff）= 0				degrees of freedom = 30		
Ha: mean（diff）< 0	Ha: mean（diff）!= 0		Ha: mean（diff）> 0			
Pr（$T<t$）= 0.976 6	Pr（$|T|>|t|$）= 0.046 9		Pr（$T>t$）= 0.023 4			

附表 20　情景 2 和情景 4 下 COD 排放量的配对 t 检验

Variable	Obs	Mean	Std. Err.	Std. Dev.	[95 Conf.	Interval]
CODS2P0	31	39 177.22	7 312.349	40 713.43	24 243.42	54 111.03
CODS2P1	31	35 714.42	5 916.588	32 942.17	23 631.13	47 797.7
diff	31	3 462.806	1 650.537	9 189.803	91.958 83	6 833.653
mean（diff）= mean（CODS2P0 - CODS2P1）				$t = 2.098\ 0^{**}$		
Ho: mean（diff）= 0				degrees of freedom =30		
Ha: mean（diff）< 0	Ha: mean（diff）!= 0		Ha: mean（diff）> 0			
Pr（$T<t$）= 0.977 8	Pr（$|T|>|t|$）= 0.044 4		Pr（$T>t$）= 0.022 2			

附表 21　情景 1 和情景 3 下 NH3-N 排放量的配对 *t* 检验

Variable	Obs	Mean	Std. Err.	Std. Dev.	[95 Conf.	Interval]
NH3NS1P0	31	11 695.38	4 713.162	26 241.78	2 069.819	21 320.94
NH3NS1P1	31	7 214.919	934.423 1	5 202.648	5 306.572	9 123.265
diff	31	4 480.461	4 383.28	24 405.07	−4 471.391	13 432.31
mean（diff）= mean（NH3NS1P0 -NH3NS1P1）					$t = 1.022\,2$	
Ho：mean（diff）= 0					degrees of freedom = 30	
Ha：mean（diff）< 0			Ha：mean（diff）!= 0		Ha：mean（diff）> 0	
Pr（$T<t$）= 0.842 6			Pr（$|T|>|t|$）= 0.314 9		Pr（$T>t$）= 0.157 4	

附表 22　情景 2 和情景 4 下 NH3-N 排放量的配对 *t* 检验

Variable	Obs	Mean	Std. Err.	Std. Dev.	[95 Conf.	Interval]
NH3NS2P0	31	7 334.212	1 006.505	5 603.982	5 278.655	9 389.769
NH3NS2P1	31	7 222.571	936.578 3	5 214.647	5 309.823	9 135.319
diff	31	111.641	123.651 9	688.464 7	−140.889 8	364.171 9
mean（diff）= mean（NH3NS2P0 - NH3NS2P1）					$t = 0.902\,9$	
Ho：mean（diff）= 0					degrees of freedom =30	
Ha：mean（diff）< 0			Ha：mean（diff）!= 0		Ha：mean（diff）> 0	
Pr（$T<t$）= 0.813 1			Pr（$|T|>|t|$）= 0.373 8		Pr（$T>t$）= 0.186 9	

附表 23　按行业情景 1-情景 3 的投资企业数量配对 *t* 检验

Variable	Obs	Mean	Std. Err.	Std. Dev.	[95 Conf.	Interval]
InveS1P0ind	37	0.566 814 9	0.024 362 8	0.148 192 9	0.517 404 9	0.616 224 9
InveS1P1ind	37	0.566 629 8	0.024 384	0.148 321 8	0.517 176 9	0.616 082 8
diff	37	0.000 185 1	0.000 449 7	0.002 735 2	−0.000 726 9	0.001 097
mean（diff）= mean（InveS1P0indu - InveS1P1indu）					$t = 0.411\,6$	
Ho：mean（diff）= 0					degrees of freedom = 36	
Ha：mean（diff）< 0		Ha：mean（diff）!= 0		Ha：mean（diff）> 0		
Pr（$T<t$）= 0.658 5		Pr（$|T|>|t|$）= 0.683 1		Pr（$T>t$）= 0.341 5		

附表 24　按行业情景 2-情景 4 投资企业数量配对 t 检验

Variable	Obs	Mean	Std. Err.	Std. Dev.	[95 Conf.	Interval]
InveS2P0ind	37	0.565 341 2	0.024 419 9	0.148 540 2	0.515 815 4	0.614 867
InveS2P1ind	37	0.567 278	0.024 4	0.148 419 6	0.517 792 4	0.616 763 5
diff	37	−0.001 936 8	0.000 772 4	0.004 698 3	−0.003 503 2	-0.000 370 3
mean（diff）= mean（InveS2P0indu - InveS2P1indu）					$t = -2.507\,5$	
Ho：mean（diff）= 0					degrees of freedom = 36	
Ha：mean（diff）< 0	Ha：mean（diff）!= 0		Ha：mean（diff）> 0			
Pr（T<t）= 0.108 4	Pr（$|T|$>$|t|$）= 0.016 8		Pr（T>t）= 0.891 6			

附表 25　按行业情景 1-情景 3 停产企业数量配对 t 检验

Variable	Obs	Mean	Std. Err.	Std. Dev.	[95 Conf.	Interval]
SDS1P0ind	16	0.018 023 6	0.005 741 2	0.022 965	0.005 786 4	0.030 260 7
SDS1P1ind	16	0.014 038 1	0.004 670 9	0.018 683 5	0.004 082 3	0.023 993 8
diff	16	0.003 985 5	0.002 837 2	0.011 348 8	−0.002 061 9	0.010 032 9
mean（diff）= mean（SDS1P0indu - SDS1P1indu）					$t = 1.404\,7$	
Ho：mean（diff）= 0					degrees of freedom =15	
Ha：mean（diff）< 0	Ha：mean（diff）!= 0		Ha：mean（diff）> 0			
Pr（T<t）= 0.909 8	Pr（$|T|$>$|t|$）= 0.180 5		Pr（T>t）= 0.090 2			

附表 26　按行业情景 2-情景 4 停产企业数量配对 t 检验

Variable	Obs	Mean	Std. Err.	Std. Dev.	[95 Conf.	Interval]
SDS2P0ind	17	0.017 786 8	0.005 995 8	0.024 721 1	0.005 076 4	0.030 497 3
SDS2P1ind	17	0.016 682 2	0.004 565 1	0.018 822 3	0.007 004 7	0.026 359 8
diff	17	0.001 104 6	0.003 294 6	0.013 583 9	−0.005 879 6	0.008 088 8
mean（diff）= mean（SDS2P0indu - SDS2P1indu）					$t = 0.335\,3$	
Ho：mean（diff）= 0					degrees of freedom =16	
Ha：mean（diff）< 0	Ha：mean（diff）!= 0		Ha：mean（diff）> 0			
Pr（T<t）=0.629 1	Pr（$|T|$>$|t|$）= 0.741 8		Pr（T>t）= 0.370 9			

附表 27　按区域情景 1-情景 3 的投资企业数量配对 t 检验

Variable	Obs	Mean	Std. Err.	Std. Dev.	[95 Conf.	Interval]
InveS1P0area	31	0.572 241 6	0.017 246 7	0.096 025 4	0.537 019 2	0.607 464 1
InveS1P1area	31	0.557 088 3	0.018 977 5	0.105 662 5	0.518 331	0.595 845 6
diff	31	0.015 153 3	0.014 599 2	0.081 284 7	−0.014 662 1	0.044 968 8
mean（diff）= mean（InveS1P0area - InveS1P1area）					$t=1.038\ 0$	
Ho: mean（diff）= 0					degrees of freedom = 30	
Ha: mean（diff）< 0	Ha: mean（diff）!= 0		Ha: mean（diff）> 0			
Pr（T<t）= 0.846 2	Pr（|T|>|t|）= 0.307 6		Pr（T>t）= 0.153 8			

附表 28　按区域情景 2-情景 4 的投资企业数量配对 t 检验

Variable	Obs	Mean	Std. Err.	Std. Dev.	[95 Conf.	Interval]
InveS2P0area	31	0.567 834 6	0.017 230 6	0.095 935 7	0.532 645 1	0.603 024
InveS2P1area	31	0.571 405 7	0.017 317 2	0.096 418 2	0.536 039 2	0.606 772 1
diff	31	−0.003 571 1	0.002 032 1	0.011 314 4	−0.007 721 2	0.000 579 1
mean（diff）= mean（InveS2P0area - InveS2P1area）					$t=-1.757\ 3$	
Ho: mean（diff）= 0					degrees of freedom = 30	
Ha: mean（diff）< 0	Ha: mean（diff）!= 0		Ha: mean（diff）> 0			
Pr（T<t）= 0.054 5	Pr（|T|>|t|）= 0.089 1		Pr（T>t）= 0.945 5			

附表 29　按区域情景 1-情景 3 的停产企业数量配对 t 检验

Variable	Obs	Mean	Std. Err.	Std. Dev.	[95 Conf.	Interval]
SDS1P0area	18	0.014 222 8	0.002 809 9	0.011 921 4	0.008 294 5	0.020 151 2
SDS1P1area	18	0.074 501 4	0.016 263 4	0.068 999 8	0.040 188 6	0.108 814 2
diff	18	−0.060 278 6	0.015 8	0.067 033 7	−0.093 613 7	−0.026 943 5
mean（diff）= mean（SDS1P0area - SDS1P1area）					$t=-3.815\ 1$	
Ho: mean（diff）= 0					degrees of freedom = 17	
Ha: mean（diff）< 0	Ha: mean（diff）!= 0		Ha: mean（diff）> 0			
Pr（T<t）= 0.000 7	Pr（|T|>|t|）= 0.001 4		Pr（T>t）= 0.999 3			

附表 30　按区域情景 2-情景 4 的停产企业数量配对 *t* 检验

Variable	Obs	Mean	Std. Err.	Std. Dev.	[95 Conf.	Interval]
SDS2P0area	21	0.013 032 8	0.002 323 6	0.010 648	0.008 185 9	0.017 879 7
SDS2P1area	21	0.061 874 2	0.014 814 9	0.067 890 2	0.030 971	0.092 777 5
diff	21	−0.048 841 5	0.014 255 7	0.065 327 9	−0.078 578 4	−0.019 104 6
mean（diff）= mean（SDS2P0area - SDS2P1area）					*t* =−3.426 1	
Ho：mean（diff）= 0					degrees of freedom =20	
Ha：mean（diff）< 0		Ha：mean（diff）!= 0		Ha：mean（diff）> 0		
Pr（*T*<*t*）= 0.001 3		Pr（|*T*|>|*t*|）= 0.002 7		Pr（*T*>*t*）= 0.998 7		

附表 31　按行业情景 1-情景 2 的投资企业数量配对 *t* 检验

Variable	Obs	Mean	Std. Err.	Std. Dev.	[95 Conf.	Interval]
InveS1P0ind	37	0.566 814 9	0.024 362 8	0.148 192 9	0.517 404 9	0.616 224 9
InveS2P0ind	37	0.565 341 2	0.024 419 9	0.148 540 2	0.515 815 4	0.614 867
diff	37	0.001 473 7	0.000 492 2	0.002 994 1	0.000 475 5	0.002 472
mean（diff）= mean（InveS1P0indu - InveS2P0indu）					*t* = 2.994 1	
Ho：mean（diff）= 0					degrees of freedom = 36	
Ha：mean（diff）< 0		Ha：mean（diff）!= 0		Ha：mean（diff）> 0		
Pr（*T*<*t*）= 0.997 5		Pr（|*T*|>|*t*|）= 0.005 0		Pr（*T*>*t*）= 0.002 5		

附表 32　按行业情景 3-情景 4 投资企业数量配对 *t* 检验

Variable	Obs	Mean	Std. Err.	Std. Dev.	[95 Conf.	Interval]
InveS1P1ind	37	0.566 629 8	0.024 384	0.148 321 8	0.517 176 9	0.616 082 8
InveS2P1ind	37	0.567 278	0.024 4	0.148 419 6	0.517 792 4	0.616 763 5
diff	37	−0.000 648 1	0.000 443 4	0.002 697 3	−0.001 547 5	0.000 251 2
mean（diff）= mean（InveS1P1indu - InveS2P1indu）					*t* =−1.461 6	
Ho：mean（diff）= 0					degrees of freedom = 36	
Ha：mean（diff）< 0		Ha：mean（diff）!= 0		Ha：mean（diff）> 0		
Pr（*T*<*t*）= 0.076 3		Pr（|*T*|>|*t*|）= 0.152 5		Pr（*T*>*t*）= 0.923 7		

附表 33　按行业情景 1-情景 3 的投资企业数量配对 t 检验

Variable	Obs	Mean	Std. Err.	Std. Dev.	[95 Conf.	Interval]
InveS1P0ind	37	0.566 814 9	0.024 362 8	0.148 192 9	0.517 404 9	0.616 224 9
InveS1P1ind	37	0.566 629 8	0.024 384	0.148 321 8	0.517 176 9	0.616 082 8
diff	37	0.000 185 1	0.000 449 7	0.002 735 2	−0.000 726 9	0.001 097
mean（diff）= mean（InveS1P0indu - InveS1P1indu）					$t = 0.411\ 6$	
Ho：mean（diff）= 0					degrees of freedom = 36	
Ha：mean（diff）< 0		Ha：mean（diff）!= 0		Ha：mean（diff）> 0		
Pr（$T<t$）= 0.658 5		Pr（$|T|>|t|$）= 0.683 1		Pr（$T>t$）= 0.341 5		

附表 34　按行业情景 2-情景 4 投资企业数量配对 t 检验

Variable	Obs	Mean	Std. Err.	Std. Dev.	[95 Conf.	Interval]
InveS2P0ind	37	0.565 341 2	0.024 419 9	0.148 540 2	0.515 815 4	0.614 867
InveS2P1ind	37	0.567 278	0.024 4	0.148 419 6	0.517 792 4	0.616 763 5
diff	37	−0.001 936 8	0.000 772 4	0.004 698 3	−0.003 503 2	−0.000 370 3
mean（diff）= mean（InveS2P0indu - InveS2P1indu）					$t = -2.507\ 5$	
Ho：mean（diff）= 0					degrees of freedom = 36	
Ha：mean（diff）< 0		Ha：mean（diff）!= 0		Ha：mean（diff）> 0		
Pr（$T<t$）= 0.108 4		Pr（$|T|>|t|$）= 0.016 8		Pr（$T>t$）= 0.891 6		

附表 35　按行业情景 1-情景 2 停产企业数量配对 t 检验

Variable	Obs	Mean	Std. Err.	Std. Dev.	[95 Conf.	Interval]
SDS1P0ind	20	0.019 289 8	0.005 785 6	0.025 874 1	0.007 180 3	0.031 399 2
SDS2P0ind	20	0.019 937 3	0.006 125 6	0.027 394 7	0.007 116 2	0.032 758 4
diff	20	−0.000 647 5	0.000 522 6	0.002 337 1	−0.001 741 3	0.000 446 3
mean（diff）= mean（SDS1P0indu - SDS2P0indu）					$t = -1.239\ 0$	
Ho：mean（diff）= 0					degrees of freedom = 19	
Ha：mean（diff）< 0		Ha：mean（diff）!= 0		Ha：mean（diff）> 0		
Pr（$T<t$）= 0.115 2		Pr（$|T|>|t|$）= 0.230 4		Pr（$T>t$）= 0.884 8		

附表 36 按行业情景 3-情景 4 的停产企业数量配对 t 检验

Variable	Obs	Mean	Std. Err.	Std. Dev.	[95 Conf.	Interval]
SDS1P1ind	20	0.022 487 9	0.006 447 3	0.028 833 1	0.008 993 6	0.035 982 2
SDS2P1ind	20	0.025 042 3	0.006 205 5	0.027 751 9	0.012 054	0.038 030 6
diff	20	−0.002 554 3	0.001 193 7	0.005 338 3	−0.005 052 7	−0.000 056
mean（diff）= mean（SDS1P1indu - SDS2P1indu）					$t = -2.139\ 9$	
Ho：mean（diff）= 0					degrees of freedom = 19	
Ha：mean（diff）< 0	Ha：mean（diff）!= 0		Ha：mean（diff）> 0			
Pr（$T<t$）= 0.022 8	Pr（$|T|>|t|$）= 0.045 6		Pr（$T>t$）= 0.977 2			

附表 37 按行业情景 1-情景 3 停产企业数量配对 t 检验

Variable	Obs	Mean	Std. Err.	Std. Dev.	[95 Conf.	Interval]
SDS1P0ind	16	0.018 023 6	0.005 741 2	0.022 965	0.005 786 4	0.030 260 7
SDS1P1ind	16	0.014 038 1	0.004 670 9	0.018 683 5	0.004 082 3	0.023 993 8
diff	16	0.003 985 5	0.002 837 2	0.011 348 8	−0.002 061 9	0.010 032 9
mean（diff）= mean（SDS1P0indu - SDS1P1indu）					$t = 1.404\ 7$	
Ho：mean（diff）= 0					degrees of freedom =15	
Ha：mean（diff）< 0	Ha：mean（diff）!= 0		Ha：mean（diff）> 0			
Pr（$T<t$）= 0.909 8	Pr（$|T|>|t|$）= 0.180 5		Pr（$T>t$）= 0.090 2			

附表 38 按行业情景 2-情景 4 停产企业数量配对 t 检验

Variable	Obs	Mean	Std. Err.	Std. Dev.	[95 Conf.	Interval]
SDS2P0ind	17	0.017 786 8	0.005 995 8	0.024 721 1	0.005 076 4	0.030 497 3
SDS2P1ind	17	0.016 682 2	0.004 565 1	0.018 822 3	0.007 004 7	0.026 359 8
diff	17	0.001 104 6	0.003 294 6	0.013 583 9	−0.005 879 6	0.008 088 8
mean（diff）= mean（SDS2P0indu - SDS2P1indu）					$t = 0.335\ 3$	
Ho：mean（diff）= 0					degrees of freedom =16	
Ha：mean（diff）< 0	Ha：mean（diff）!= 0		Ha：mean（diff）> 0			
Pr（$T<t$）=0.629 1	Pr（$|T|>|t|$）= 0.741 8		Pr（$T>t$）= 0.370 9			

附件1 国务院办公厅关于进一步推进排污权有偿使用和交易试点工作的指导意见

国办发〔2014〕38号

各省、自治区、直辖市人民政府，国务院各部委、各直属机构：

排污权是指排污单位经核定、允许其排放污染物的种类和数量。2007年以来，国务院有关部门组织天津、河北、内蒙古等11个省（区、市）开展排污权有偿使用和交易试点，取得了一定进展。为进一步推进试点工作，促进主要污染物排放总量持续有效减少，经国务院同意，现提出以下指导意见：

一、总体要求

（一）高度重视排污权有偿使用和交易试点工作。建立排污权有偿使用和交易制度，是我国环境资源领域一项重大的、基础性的机制创新和制度改革，是生态文明制度建设的重要内容，将对更好地发挥污染物总量控制制度作用、在全社会树立环境资源有价的理念、促进经济社会持续健康发展产生积极影响。各地区、各有关部门要充分认识做好试点工作的重要意义，妥善处理好政府与市场、制度改革创新与保持经济平稳发展、新企业与老企业、试点地区与非试点地区的关系，把握好试点政策出台的时机、力度和节奏，因地制宜、循序渐进推进试点工作。

（二）工作目标。以邓小平理论、"三个代表"重要思想、科学发展观为指导，贯彻落实党的十八大和十八届二中、三中全会精神，按照党中央、国务院的决策部署，充分发挥市场在资源配置中的决定性作用，积极探索建立环境成本合理负担机制和污染减排激励约束机制，促进排污单位树立环境意识，主动减少污染物排放，加快推进产业结构调整，切实改善环境质量。到2017年，试点地区排污权有偿使用和交易制度基本建立，试点工作基本完成。

二、建立排污权有偿使用制度

（三）严格落实污染物总量控制制度。实施污染物排放总量控制是开展试点的前提。试点地区要严格按照国家确定的污染物减排要求，将污染物总量控制指标分解到基层，不得突破总量控制上限。试点的污染物应为国家作为约束性指标进行总量控制的污染物，试点地区也可选择对本地区环境质量有突出影响的其他污染物开展试点。

（四）合理核定排污权。核定排污权是试点工作的基础。试点地区应于2015年年底前全面完成现有排污单位排污权的初次核定，以后原则上每5年核定一次。现有排污单位的排污权，应根据有关法律法规标准、污染物总量控制要求、产业布局和污染物排放现状等核定。新建、改建、扩建项目的排污权，应根据其环境影响评价结果核定。排污权以排污许可证形式予以确认。试点地区不得超过国家确定的污染物排放总量核定排污权，不得为不符合国家产业政策的排污单位核定排污权。排污权由地方环境保护部门按污染源管理权限核定。

（五）实行排污权有偿取得。试点地区实行排污权有偿使用制度，排污单位在缴纳使用费后获得排污权，或通过交易获得排污权。排污单位在规定期限内对排污权拥有使用、转让和抵押等权利。对现有排污单位，要考虑其承受能力、当地环境质量改善要求，逐步实行排污权有偿取得。新建项目排污权和改建、扩建项目新增排污权，原则上要以有偿方式取得。有偿取得排污权的单位，不免除其依法缴纳排污费等相关税费的义务。

（六）规范排污权出让方式。试点地区可以采取定额出让、公开拍卖方式出让排污权。现有排污单位取得排污权，原则上采取定额出让方式，出让标准由试点地区价格、财政、环境保护部门根据当地污染治理成本、环境资源稀缺程度、经济发展水平等因素确定。新建项目排污权和改建、扩建项目新增排污权，原则上通过公开拍卖方式取得，拍卖底价可参照定额出让标准。

（七）加强排污权出让收入管理。排污权使用费由地方环境保护部门按照污染源管理权限收取，全额缴入地方国库，纳入地方财政预算管理。排污权出让收入统筹用于污染防治，任何单位和个人不得截留、挤占和挪用。缴纳排污权使用费金额较大、一次性缴纳确有困难的排污单位，可分期缴纳，缴纳期限不得超过五年，首次缴款不得低于应缴总额的 40%。试点地区财政、审计部门要加强对排污权出让收入使用情况的监督。

三、加快推进排污权交易

（八）规范交易行为。排污权交易应在自愿、公平、有利于环境质量改善和优化环境资源配置的原则下进行。交易价格由交易双方自行确定。试点初期，可参照排污权定额出让标准等确定交易指导价格。试点地区要严格按照《国务院关于清理整顿各类交易场所切实防范金融风险的决定》（国发〔2011〕38 号）等有关规定，规范排污权交易市场。

（九）控制交易范围。排污权交易原则上在各试点省份内进行。涉及水污染物的排污权交易仅限于在同一流域内进行。火电企业（包括其他行业自备电厂，不含热电联产机组供热部分）原则上不得与其他行业企业进行涉及大气污染物的排污权交易。环境质量未达到要求的地区不得进行增加本地区污染物总量的排污权交易。工业污染源不得与农业污染源进行排污权交易。

（十）激活交易市场。国务院有关部门要研究制定鼓励排污权交易的财税等扶持政策。试点地区要积极支持和指导排污单位通过淘汰落后和过剩产能、清洁生产、污染治理、技术改造升级等减少污染物排放，形成"富余排污权"参加市场交易；建立排污权储备制度，回购排污单位"富余排污权"，适时投放市场，重点支持战略性新兴产业、重大科技示范等项目建设。积极探索排污权抵押融资，鼓励社会资本参与污染物减排和排污权交易。

（十一）加强交易管理。排污权交易按照污染源管理权限由相应的地方环境保护部门负责。跨省级行政区域的排污权交易试点，由环境保护部、财政部和发展改革委负责组织。排污权交易完成后，交易双方应在规定时限内向地方环境保护部门报告，并申请变更其排污许可证。

四、强化试点组织领导和服务保障

（十二）加强组织领导。试点地区地方人民政府要加强对试点工作的组织领导，制定具体可行的工作方案和配套政策规定，建立协调机制，加强能力建设，主动接受社会监督，积极稳妥推进试点工作。财政部、环境保护部、发展改革委负责对地方人民政府的试点申请进行确认，并加强对试点工作的指导、协调，对排污权交易平台建设等给予适当支持，按照各自职能分别研究制定排污权核定、使用费收取使用和交易价格等管理规定。

（十三）提高服务质量。试点地区要及时公开排污权核定、排污权使用费收取使用、排污权拍卖及回购等情况以及当地环境质量状况、污染物总量控制要求等信息，确保试点工作公开透明。要优化工作流程，认真做好排污单位"富余排污权"核定、排污许可证发放变更等工作；加强部门协作配合，积极研究制定帮扶政策，为排污单位参与排污权交易提供便利。

（十四）严格监督管理。排污单位应当准确计量污染物排放量，主动向当地环境保护部门报告。重点排污单位应安装污染源自动监测装置，与当地环境保护部门联网，并确保装置稳定运行、数据真实有效。试点地区要强化对排污单位的监督性监测，加大执法监管力度，对于超排污权排放或在交易中弄虚作假的排污单位，要依法严肃处理，并予以曝光。

试点省份每年要向国务院报告试点工作进展情况，其他地方可参照本意见开展试点工作。财政部、环境保护部、发展改革委要跟踪总结试点地区的经验做法，加强政策研究，为全面推行排污权有偿使用和交易制度奠定基础。

国务院办公厅

2014 年 8 月 6 日

附件 2　排污权出让收入管理暂行办法

第一章　总　则

第一条　为了规范排污权出让收入管理，建立健全环境资源有偿使用制度，发挥市场机制作用促进污染物减排，根据《中华人民共和国环境保护法》和《国务院办公厅关于进一步推进排污权有偿使用和交易试点工作的指导意见》（国办发〔2014〕38 号）等规定，制定本办法。

第二条　经财政部、环境保护部、国家发展改革委确认及有关省、自治区、直辖市自行确定开展排污权有偿使用和交易试点地区（以下简称试点地区）的排污权出让收入征收、使用和管理，适用本办法。

第三条　本办法所称污染物，是指国家作为约束性指标进行总量控制的污染物，以及试点地区选择对本地区环境质量有突出影响的其他污染物。试点地区要严格按照国家确定的污染物减排要求，将污染物总量控制指标分解到企事业单位，不得突破总量控制上限。

第四条　本办法所称排污权，是指排污单位按照国家或者地方规定的污染物排放标准，以及污染物排放总量控制要求，经核定允许其在一定期限内排放污染物的种类和数量。排污权由试点地区县级以上地方环境保护主管部门（以下简称地方环境保护部门）按照污染源管理权限核定，并以排污许可证形式予以确认。

第五条　本办法所称排污权出让收入，是指政府以有偿出让方式配置排污权取得的收入，包括采取定额出让方式出让排污权收取的排污权使用费和通过公开拍卖等方式出让排污权取得的收入。

第六条　本办法所称现有排污单位，是指试点地区核定初始排污权以及排污权有效期满后重新核定排污权时，已建成投产或环境影响评价文件通过审批的排污单位。

第七条 排污权出让收入属于政府非税收入，全额上缴地方国库，纳入地方财政预算管理。

第八条 排污权出让收入的征收、使用和管理应当接受审计监督。

第二章　征收缴库

第九条 试点地区地方人民政府采取定额出让或通过市场公开出让（包括拍卖、挂牌、协议等）方式出让排污权。对现有排污单位取得排污权，采取定额出让方式。对新建项目排污权和改建、扩建项目新增排污权，以及现有排污单位在排污许可证核定的排污权基础上新增排污权，通过市场公开出让方式。

第十条 采取定额出让方式出让排污权的，排污单位应当按照排污许可证确认的污染物排放种类、数量和规定征收标准缴纳排污权使用费。

第十一条 排污权使用费的征收标准由试点地区省级价格、财政、环境保护部门根据当地环境资源稀缺程度、经济发展水平、污染治理成本等因素确定。

第十二条 排污权有效期原则上为五年。有效期满后，排污单位需要延续排污权的，应当按照地方环境保护部门重新核定的排污权，继续缴纳排污权使用费。

第十三条 缴纳排污权使用费金额较大、一次性缴纳确有困难的排污单位，可在排污权有效期内分次缴纳，首次缴款不得低于应缴总额的 40%。分次缴纳排污权使用费的具体办法由试点地区确定。

第十四条 排污权使用费由地方环境保护部门按照污染源管理权限负责征收。负责征收排污权使用费的地方环境保护部门，应当根据排污许可证确认的排污单位排放污染物种类、数量和规定征收标准，以及分次缴纳办法，确定排污单位应缴纳的排污权使用费数额，并予以公告。排污权使用费数额确定后，由负责征收排污权使用费的地方环境保护部门向排污单位送达排污权使用费缴纳通知单。排污单位应当自接到排污权使用费缴纳通知单之日起 7 日内，缴纳排污权使用费。

第十五条 对现有排污单位取得排污权，考虑其承受能力，经试点地区省级人民政府批准，在试点初期可暂免缴纳排污权使用费。现有排污单位将无偿取得的排污权进行转让、抵押的，应当按规定征收标准补缴转让、抵押排污权的使用费。

第十六条　通过市场公开出让方式出让排污权的，出让底价由试点地区省级价格、财政、环境保护部门参照排污权使用费的征收标准确定。市场公开出让排污权的具体方式、流程和管理办法，由试点地区依据相关法律、行政法规予以规定。

第十七条　试点地区应当建立排污权储备制度，将储备排污权适时投放市场，调控排污权市场，重点支持战略性新兴产业、重大科技示范等项目建设。储备排污权主要来源包括：

（一）预留初始排污权；

（二）通过市场交易回购排污单位的富余排污权；

（三）由政府投入全部资金进行污染治理形成的富余排污权；

（四）排污单位破产、关停、被取缔、迁出本行政区域或不再排放实行总量控制的污染物等原因，收回其无偿取得的排污权。

第十八条　排污单位通过市场公开出让方式购买政府出让排污权的，应当一次性缴清款项，或者按照排污权交易合同的约定缴款。

第十九条　排污单位支付购买排污权的款项，由地方环境保护部门征收或委托排污权交易机构代征。

第二十条　地方环境保护部门或委托的排污权交易机构征收排污权出让收入时，应当向排污单位开具省级财政部门统一印制的票据。

第二十一条　排污权出让收入具体缴库办法按照省级财政部门非税收入收缴管理有关规定执行。

第二十二条　地方环境保护部门及委托的排污权交易机构应当严格按规定范围、标准、时限或排污权交易合同约定征收和代征排污权出让收入，确保将排污权出让收入及时征缴到位。

第二十三条 任何单位和个人均不得违反本办法规定，自行改变排污权出让收入的征收范围和标准，也不得违反排污权交易规则低价出让排污权。严禁违规对排污单位减免、缓征排污权出让收入，或者以先征后返、补贴等形式变相减免排污权出让收入。

第二十四条 地方环境保护部门应当定期向社会公开污染物总量控制、排污权核定、排污权出让方式、价格和收入、排污权回购和储备等信息。

第三章 使用管理

第二十五条 排污权出让收入纳入一般公共预算，统筹用于污染防治。

第二十六条 政府回购排污单位的排污权、排污权交易平台建设和运行维护等排污权有偿使用和交易相关工作经费，由地方同级财政预算予以安排。

第二十七条 相关资金支付按照财政国库管理制度有关规定执行。

第四章 法律责任

第二十八条 单位和个人违反本办法规定，有下列情形之一的，依照《财政违法行为处罚处分条例》和《违反行政事业性收费和罚没收入收支两条线管理规定行政处分暂行规定》等国家有关规定追究法律责任；涉嫌犯罪的，依法移送司法机关处理：

（一）擅自减免排污权出让收入或者改变排污权出让收入征收范围、对象和标准的；

（二）隐瞒、坐支应当上缴的排污权出让收入的；

（三）滞留、截留、挪用应当上缴的排污权出让收入的；

（四）不按照规定的预算级次、预算科目将排污权出让收入缴入国库的；

（五）违反规定使用排污权出让收入的；

（六）其他违反国家财政收入管理规定的行为。

第二十九条 有偿取得排污权的单位，不免除其法定污染治理责任和依法缴纳排污费等其他税费的义务。

第三十条 排污权出让收入征收、使用管理有关部门的工作人员违反本办法规定，在排污权出让收入征收和使用管理工作中徇私舞弊、玩忽职守、滥用职权的，依法给予处分；涉嫌犯罪的，依法移送司法机关。

第五章 附 则

第三十一条 试点省、自治区、直辖市根据本办法制定具体实施办法，并报财政部、国家发展改革委、环境保护部备案。

第三十二条 本办法由财政部会同国家发展改革委、环境保护部负责解释。

第三十三条 本办法自 2015 年 10 月 1 日起施行。

附件3　排污许可管理办法（试行）

第一章　总　则

第一条　为规范排污许可管理，根据《中华人民共和国环境保护法》《中华人民共和国水污染防治法》《中华人民共和国大气污染防治法》以及国务院办公厅印发的《控制污染物排放许可制实施方案》，制定本办法。

第二条　排污许可证的申请、核发、执行以及与排污许可相关的监管和处罚等行为，适用本办法。

第三条　环境保护部依法制定并公布固定污染源排污许可分类管理名录，明确纳入排污许可管理的范围和申领时限。

纳入固定污染源排污许可分类管理名录的企业事业单位和其他生产经营者（以下简称排污单位）应当按照规定的时限申请并取得排污许可证；未纳入固定污染源排污许可分类管理名录的排污单位，暂不需申请排污许可证。

第四条　排污单位应当依法持有排污许可证，并按照排污许可证的规定排放污染物。

应当取得排污许可证而未取得的，不得排放污染物。

第五条　对污染物产生量大、排放量大或者环境危害程度高的排污单位实行排污许可重点管理，对其他排污单位实行排污许可简化管理。

实行排污许可重点管理或者简化管理的排污单位的具体范围，依照固定污染源排污许可分类管理名录规定执行。实行重点管理和简化管理的内容及要求，依照本办法第十一条规定的排污许可相关技术规范、指南等执行。

设区的市级以上地方环境保护主管部门，应当将实行排污许可重点管理的排污单位确定为重点排污单位。

第六条　环境保护部负责指导全国排污许可制度实施和监督。各省级环境保护主管部门负责本行政区域排污许可制度的组织实施和监督。

排污单位生产经营场所所在地设区的市级环境保护主管部门负责排污许可证核发。地方性法规对核发权限另有规定的，从其规定。

第七条 同一法人单位或者其他组织所属、位于不同生产经营场所的排污单位，应当以其所属的法人单位或者其他组织的名义，分别向生产经营场所所在地有核发权的环境保护主管部门（以下简称核发环保部门）申请排污许可证。

生产经营场所和排放口分别位于不同行政区域时，生产经营场所所在地核发环保部门负责核发排污许可证，并应当在核发前，征求其排放口所在地同级环境保护主管部门意见。

第八条 依据相关法律规定，环境保护主管部门对排污单位排放水污染物、大气污染物等各类污染物的排放行为实行综合许可管理。

2015 年 1 月 1 日及以后取得建设项目环境影响评价审批意见的排污单位，环境影响评价文件及审批意见中与污染物排放相关的主要内容应当纳入排污许可证。

第九条 环境保护部对实施排污许可管理的排污单位及其生产设施、污染防治设施和排放口实行统一编码管理。

第十条 环境保护部负责建设、运行、维护、管理全国排污许可证管理信息平台。

排污许可证的申请、受理、审核、发放、变更、延续、注销、撤销、遗失补办应当在全国排污许可证管理信息平台上进行。排污单位自行监测、执行报告及环境保护主管部门监管执法信息应当在全国排污许可证管理信息平台上记载，并按照本办法规定在全国排污许可证管理信息平台上公开。

全国排污许可证管理信息平台中记录的排污许可证相关电子信息与排污许可证正本、副本依法具有同等效力。

第十一条 环境保护部制定排污许可证申请与核发技术规范、环境管理台账及排污许可证执行报告技术规范、排污单位自行监测技术指南、污染防治可行技术指南以及其他排污许可政策、标准和规范。

第二章　排污许可证内容

第十二条　排污许可证由正本和副本构成，正本载明基本信息，副本包括基本信息、登记事项、许可事项、承诺书等内容。

设区的市级以上地方环境保护主管部门可以根据环境保护地方性法规，增加需要在排污许可证中载明的内容。

第十三条　以下基本信息应当同时在排污许可证正本和副本中载明：

（一）排污单位名称、注册地址、法定代表人或者主要负责人、技术负责人、生产经营场所地址、行业类别、统一社会信用代码等排污单位基本信息；

（二）排污许可证有效期限、发证机关、发证日期、证书编号和二维码等基本信息。

第十四条　以下登记事项由排污单位申报，并在排污许可证副本中记录：

（一）主要生产设施、主要产品及产能、主要原辅材料等；

（二）产排污环节、污染防治设施等；

（三）环境影响评价审批意见、依法分解落实到本单位的重点污染物排放总量控制指标、排污权有偿使用和交易记录等。

第十五条　下列许可事项由排污单位申请，经核发环保部门审核后，在排污许可证副本中进行规定：

（一）排放口位置和数量、污染物排放方式和排放去向等，大气污染物无组织排放源的位置和数量；

（二）排放口和无组织排放源排放污染物的种类、许可排放浓度、许可排放量；

（三）取得排污许可证后应当遵守的环境管理要求；

（四）法律法规规定的其他许可事项。

第十六条　核发环保部门应当根据国家和地方污染物排放标准，确定排污单位排放口或者无组织排放源相应污染物的许可排放浓度。

排污单位承诺执行更加严格的排放浓度的，应当在排污许可证副本中规定。

第十七条　核发环保部门按照排污许可证申请与核发技术规范规定的行业重点污染物允许排放量核算方法，以及环境质量改善的要求，确定排污单位的许可排放量。

对于本办法实施前已有依法分解落实到本单位的重点污染物排放总量控制指标的排污单位，核发环保部门应当按照行业重点污染物允许排放量核算方法、环境质量改善要求和重点污染物排放总量控制指标，从严确定许可排放量。

2015 年 1 月 1 日及以后取得环境影响评价审批意见的排污单位，环境影响评价文件和审批意见确定的排放量严于按照本条第一款、第二款确定的许可排放量的，核发环保部门应当根据环境影响评价文件和审批意见要求确定排污单位的许可排放量。

地方人民政府依法制定的环境质量限期达标规划、重污染天气应对措施要求排污单位执行更加严格的重点污染物排放总量控制指标的，应当在排污许可证副本中规定。

本办法实施后，环境保护主管部门应当按照排污许可证规定的许可排放量，确定排污单位的重点污染物排放总量控制指标。

第十八条　下列环境管理要求由核发环保部门根据排污单位的申请材料、相关技术规范和监管需要，在排污许可证副本中进行规定：

（一）污染防治设施运行和维护、无组织排放控制等要求；

（二）自行监测要求、台账记录要求、执行报告内容和频次等要求；

（三）排污单位信息公开要求；

（四）法律法规规定的其他事项。

第十九条　排污单位在申请排污许可证时，应当按照自行监测技术指南，编制自行监测方案。

自行监测方案应当包括以下内容：

（一）监测点位及示意图、监测指标、监测频次；

（二）使用的监测分析方法、采样方法；

（三）监测质量保证与质量控制要求；

（四）监测数据记录、整理、存档要求等。

第二十条 排污单位在填报排污许可证申请时，应当承诺排污许可证申请材料是完整、真实和合法的；承诺按照排污许可证的规定排放污染物，落实排污许可证规定的环境管理要求，并由法定代表人或者主要负责人签字或者盖章。

第二十一条 排污许可证自做出许可决定之日起生效。首次发放的排污许可证有效期为三年，延续换发的排污许可证有效期为五年。

对列入国务院经济综合宏观调控部门会同国务院有关部门发布的产业政策目录中计划淘汰的落后工艺装备或者落后产品，排污许可证有效期不得超过计划淘汰期限。

第二十二条 环境保护主管部门核发排污许可证，以及监督检查排污许可证实施情况时，不得收取任何费用。

第三章　申请与核发

第二十三条 省级环境保护主管部门应当根据本办法第六条和固定污染源排污许可分类管理名录，确定本行政区域内负责受理排污许可证申请的核发环保部门、申请程序等相关事项，并向社会公告。

依据环境质量改善要求，部分地区决定提前对部分行业实施排污许可管理的，该地区省级环境保护主管部门应当报环境保护部备案后实施，并向社会公告。

第二十四条 在固定污染源排污许可分类管理名录规定的时限前已经建成并实际排污的排污单位，应当在名录规定时限申请排污许可证；在名录规定的时限后建成的排污单位，应当在启动生产设施或者在实际排污之前申请排污许可证。

第二十五条 实行重点管理的排污单位在提交排污许可申请材料前，应当将承诺书、基本信息以及拟申请的许可事项向社会公开。公开途径应当选择包括全国排污许可证管理信息平台等便于公众知晓的方式，公开时间不得少于五个工作日。

第二十六条　排污单位应当在全国排污许可证管理信息平台上填报并提交排污许可证申请，同时向核发环保部门提交通过全国排污许可证管理信息平台印制的书面申请材料。

申请材料应当包括：

（一）排污许可证申请表，主要内容包括：排污单位基本信息，主要生产设施、主要产品及产能、主要原辅材料，废气、废水等产排污环节和污染防治设施，申请的排放口位置和数量、排放方式、排放去向，按照排放口和生产设施或者车间申请的排放污染物种类、排放浓度和排放量，执行的排放标准；

（二）自行监测方案；

（三）由排污单位法定代表人或者主要负责人签字或者盖章的承诺书；

（四）排污单位有关排污口规范化的情况说明；

（五）建设项目环境影响评价文件审批文号，或者按照有关国家规定经地方人民政府依法处理、整顿规范并符合要求的相关证明材料；

（六）排污许可证申请前信息公开情况说明表；

（七）污水集中处理设施的经营管理单位还应当提供纳污范围、纳污排污单位名单、管网布置、最终排放去向等材料；

（八）本办法实施后的新建、改建、扩建项目排污单位存在通过污染物排放等量或者减量替代削减获得重点污染物排放总量控制指标情况的，且出让重点污染物排放总量控制指标的排污单位已经取得排污许可证的，应当提供出让重点污染物排放总量控制指标的排污单位的排污许可证完成变更的相关材料；

（九）法律法规规章规定的其他材料。

主要生产设施、主要产品产能等登记事项中涉及商业秘密的，排污单位应当进行标注。

第二十七条　核发环保部门收到排污单位提交的申请材料后，对材料的完整性、规范性进行审查，按照下列情形分别作出处理：

（一）依照本办法不需要取得排污许可证的，应当当场或者在五个工作日内告知排污单位不需要办理；

（二）不属于本行政机关职权范围的，应当当场或者在五个工作日内作出不予受理的决定，并告知排污单位向有核发权限的部门申请；

（三）申请材料不齐全或者不符合规定的，应当当场或者在五个工作日内出具告知单，告知排污单位需要补正的全部材料，可以当场更正的，应当允许排污单位当场更正；

（四）属于本行政机关职权范围，申请材料齐全、符合规定，或者排污单位按照要求提交全部补正申请材料的，应当受理。

核发环保部门应当在全国排污许可证管理信息平台上作出受理或者不予受理排污许可证申请的决定，同时向排污单位出具加盖本行政机关专用印章和注明日期的受理单或者不予受理告知单。

核发环保部门应当告知排污单位需要补正的材料，但逾期不告知的，自收到书面申请材料之日起即视为受理。

第二十八条　对存在下列情形之一的，核发环保部门不予核发排污许可证：

（一）位于法律法规规定禁止建设区域内的；

（二）属于国务院经济综合宏观调控部门会同国务院有关部门发布的产业政策目录中明令淘汰或者立即淘汰的落后生产工艺装备、落后产品的；

（三）法律法规规定不予许可的其他情形。

第二十九条　核发环保部门应当对排污单位的申请材料进行审核，对满足下列条件的排污单位核发排污许可证：

（一）依法取得建设项目环境影响评价文件审批意见，或者按照有关规定经地方人民政府依法处理、整顿规范并符合要求的相关证明材料；

（二）采用的污染防治设施或者措施有能力达到许可排放浓度要求；

（三）排放浓度符合本办法第十六条规定，排放量符合本办法第十七条规定；

（四）自行监测方案符合相关技术规范；

（五）本办法实施后的新建、改建、扩建项目排污单位存在通过污染物排放等量或者减量替代削减获得重点污染物排放总量控制指标情况的，出让重点污染物排放总量控制指标的排污单位已完成排污许可证变更。

第三十条　对采用相应污染防治可行技术的，或者新建、改建、扩建建设项目排污单位采用环境影响评价审批意见要求的污染治理技术的，核发环保部门可以认为排污单位采用的污染防治设施或者措施有能力达到许可排放浓度要求。

不符合前款情形的，排污单位可以通过提供监测数据予以证明。监测数据应当通过使用符合国家有关环境监测、计量认证规定和技术规范的监测设备取得；对于国内首次采用的污染治理技术，应当提供工程试验数据予以证明。

环境保护部依据全国排污许可证执行情况，适时修订污染防治可行技术指南。

第三十一条　核发环保部门应当自受理申请之日起二十个工作日内作出是否准予许可的决定。自作出准予许可决定之日起十个工作日内，核发环保部门向排污单位发放加盖本行政机关印章的排污许可证。

核发环保部门在二十个工作日内不能作出决定的，经本部门负责人批准，可以延长十个工作日，并将延长期限的理由告知排污单位。

依法需要听证、检验、检测和专家评审的，所需时间不计算在本条所规定的期限内。核发环保部门应当将所需时间书面告知排污单位。

第三十二条　核发环保部门作出准予许可决定的，须向全国排污许可证管理信息平台提交审核结果，获取全国统一的排污许可证编码。

核发环保部门作出准予许可决定的，应当将排污许可证正本以及副本中基本信息、许可事项及承诺书在全国排污许可证管理信息平台上公告。

核发环保部门作出不予许可决定的，应当制作不予许可决定书，书面告知排污单位不予许可的理由，以及依法申请行政复议或者提起行政诉讼的权利，并在全国排污许可证管理信息平台上公告。

第四章　实施与监管

第三十三条　禁止涂改排污许可证。禁止以出租、出借、买卖或者其他方式非法转让排污许可证。排污单位应当在生产经营场所内方便公众监督的位置悬挂排污许可证正本。

第三十四条　排污单位应当按照排污许可证规定，安装或者使用符合国家有关环境监测、计量认证规定的监测设备，按照规定维护监测设施，开展自行监测，保存原始监测记录。

实施排污许可重点管理的排污单位，应当按照排污许可证规定安装自动监测设备，并与环境保护主管部门的监控设备联网。

对未采用污染防治可行技术的，应当加强自行监测，评估污染防治技术达标可行性。

第三十五条　排污单位应当按照排污许可证中关于台账记录的要求，根据生产特点和污染物排放特点，按照排污口或者无组织排放源进行记录。记录主要包括以下内容：

（一）与污染物排放相关的主要生产设施运行情况；发生异常情况的，应当记录原因和采取的措施；

（二）污染防治设施运行情况及管理信息；发生异常情况的，应当记录原因和采取的措施；

（三）污染物实际排放浓度和排放量；发生超标排放情况的，应当记录超标原因和采取的措施；

（四）其他按照相关技术规范应当记录的信息。

台账记录保存期限不少于三年。

第三十六条　污染物实际排放量按照排污许可证规定的废气、污水的排污口、生产设施或者车间分别计算，依照下列方法和顺序计算：

（一）依法安装使用了符合国家规定和监测规范的污染物自动监测设备的，

按照污染物自动监测数据计算；

（二）依法不需安装污染物自动监测设备的，按照符合国家规定和监测规范的污染物手工监测数据计算；

（三）不能按照本条第一项、第二项规定的方法计算的，包括依法应当安装而未安装污染物自动监测设备或者自动监测设备不符合规定的，按照环境保护部规定的产排污系数、物料衡算方法计算。

第三十七条 排污单位应当按照排污许可证规定的关于执行报告内容和频次的要求，编制排污许可证执行报告。

排污许可证执行报告包括年度执行报告、季度执行报告和月执行报告。

排污单位应当每年在全国排污许可证管理信息平台上填报、提交排污许可证年度执行报告并公开，同时向核发环保部门提交通过全国排污许可证管理信息平台印制的书面执行报告。书面执行报告应当由法定代表人或者主要负责人签字或者盖章。

季度执行报告和月执行报告至少应当包括以下内容：

（一）根据自行监测结果说明污染物实际排放浓度和排放量及达标判定分析；

（二）排污单位超标排放或者污染防治设施异常情况的说明。

年度执行报告可以替代当季度或者当月的执行报告，并增加以下内容：

（一）排污单位基本生产信息；

（二）污染防治设施运行情况；

（三）自行监测执行情况；

（四）环境管理台账记录执行情况；

（五）信息公开情况；

（六）排污单位内部环境管理体系建设与运行情况；

（七）其他排污许可证规定的内容执行情况等。

建设项目竣工环境保护验收报告中与污染物排放相关的主要内容，应当由排污单位记载在该项目验收完成当年排污许可证年度执行报告中。

排污单位发生污染事故排放时,应当依照相关法律法规规章的规定及时报告。

第三十八条 排污单位应当对提交的台账记录、监测数据和执行报告的真实性、完整性负责,依法接受环境保护主管部门的监督检查。

第三十九条 环境保护主管部门应当制定执法计划,结合排污单位环境信用记录,确定执法监管重点和检查频次。

环境保护主管部门对排污单位进行监督检查时,应当重点检查排污许可证规定的许可事项的实施情况。通过执法监测、核查台账记录和自动监测数据以及其他监控手段,核实排污数据和执行报告的真实性,判定是否符合许可排放浓度和许可排放量,检查环境管理要求落实情况。

环境保护主管部门应当将现场检查的时间、内容、结果以及处罚决定记入全国排污许可证管理信息平台,依法在全国排污许可证管理信息平台上公布监管执法信息、无排污许可证和违反排污许可证规定排污的排污单位名单。

第四十条 环境保护主管部门可以通过政府购买服务的方式,组织或者委托技术机构提供排污许可管理的技术支持。

技术机构应当对其提交的技术报告负责,不得收取排污单位任何费用。

第四十一条 上级环境保护主管部门可以对具有核发权限的下级环境保护主管部门的排污许可证核发情况进行监督检查和指导,发现属于本办法第四十九条规定违法情形的,上级环境保护主管部门可以依法撤销。

第四十二条 鼓励社会公众、新闻媒体等对排污单位的排污行为进行监督。排污单位应当及时公开有关排污信息,自觉接受公众监督。

公民、法人和其他组织发现排污单位有违反本办法行为的,有权向环境保护主管部门举报。

接受举报的环境保护主管部门应当依法处理,并按照有关规定对调查结果予以反馈,同时为举报人保密。

第五章　变更、延续、撤销

第四十三条　在排污许可证有效期内，下列与排污单位有关的事项发生变化的，排污单位应当在规定时间内向核发环保部门提出变更排污许可证的申请：

（一）排污单位名称、地址、法定代表人或者主要负责人等正本中载明的基本信息发生变更之日起三十个工作日内；

（二）因排污单位原因许可事项发生变更之日前三十个工作日内；

（三）排污单位在原场址内实施新建、改建、扩建项目应当开展环境影响评价的，在取得环境影响评价审批意见后，排污行为发生变更之日前三十个工作日内；

（四）新制修订的国家和地方污染物排放标准实施前三十个工作日内；

（五）依法分解落实的重点污染物排放总量控制指标发生变化后三十个工作日内；

（六）地方人民政府依法制定的限期达标规划实施前三十个工作日内；

（七）地方人民政府依法制定的重污染天气应急预案实施后三十个工作日内；

（八）法律法规规定需要进行变更的其他情形。

发生本条第一款第三项规定情形，且通过污染物排放等量或者减量替代削减获得重点污染物排放总量控制指标的，在排污单位提交变更排污许可申请前，出让重点污染物排放总量控制指标的排污单位应当完成排污许可证变更。

第四十四条　申请变更排污许可证的，应当提交下列申请材料：

（一）变更排污许可证申请；

（二）由排污单位法定代表人或者主要负责人签字或者盖章的承诺书；

（三）排污许可证正本复印件；

（四）与变更排污许可事项有关的其他材料。

第四十五条　核发环保部门应当对变更申请材料进行审查，作出变更决定的，在排污许可证副本中载明变更内容并加盖本行政机关印章，同时在全国排污许可证管理信息平台上公告；属于本办法第四十三条第一款第一项情形的，还应当换发排污许可证正本。

属于本办法第四十三条第一款规定情形的，排污许可证期限仍自原证书核发之日起计算；属于本办法第四十三条第二款情形的，变更后排污许可证期限自变更之日起计算。

属于本办法第四十三条第一款第一项情形的，核发环保部门应当自受理变更申请之日起十个工作日内作出变更决定；属于本办法第四十三条第一款规定的其他情形的，应当自受理变更申请之日起二十个工作日内作出变更许可决定。

第四十六条　排污单位需要延续依法取得的排污许可证的有效期的，应当在排污许可证届满三十个工作日前向原核发环保部门提出申请。

第四十七条　申请延续排污许可证的，应当提交下列材料：

（一）延续排污许可证申请；

（二）由排污单位法定代表人或者主要负责人签字或者盖章的承诺书；

（三）排污许可证正本复印件；

（四）与延续排污许可事项有关的其他材料。

第四十八条　核发环保部门应当按照本办法第二十九条规定对延续申请材料进行审查，并自受理延续申请之日起二十个工作日内作出延续或者不予延续许可决定。

作出延续许可决定的，向排污单位发放加盖本行政机关印章的排污许可证，收回原排污许可证正本，同时在全国排污许可证管理信息平台上公告。

第四十九条　有下列情形之一的，核发环保部门或者其上级行政机关，可以撤销排污许可证并在全国排污许可证管理信息平台上公告：

（一）超越法定职权核发排污许可证的；

（二）违反法定程序核发排污许可证的；

（三）核发环保部门工作人员滥用职权、玩忽职守核发排污许可证的；

（四）对不具备申请资格或者不符合法定条件的申请人准予行政许可的；

（五）依法可以撤销排污许可证的其他情形。

第五十条　有下列情形之一的,核发环保部门应当依法办理排污许可证的注销手续,并在全国排污许可证管理信息平台上公告:

（一）排污许可证有效期届满,未延续的;

（二）排污单位被依法终止的;

（三）应当注销的其他情形。

第五十一条　排污许可证发生遗失、损毁的,排污单位应当在三十个工作日内向核发环保部门申请补领排污许可证;遗失排污许可证的,在申请补领前应当在全国排污许可证管理信息平台上发布遗失声明;损毁排污许可证的,应当同时交回被损毁的排污许可证。

核发环保部门应当在收到补领申请后十个工作日内补发排污许可证,并在全国排污许可证管理信息平台上公告。

第六章　法律责任

第五十二条　环境保护主管部门在排污许可证受理、核发及监管执法中有下列行为之一的,由其上级行政机关或者监察机关责令改正,对直接负责的主管人员或者其他直接责任人员依法给予行政处分;构成犯罪的,依法追究刑事责任:

（一）符合受理条件但未依法受理申请的;

（二）对符合许可条件的不依法准予核发排污许可证或者未在法定时限内作出准予核发排污许可证决定的;

（三）对不符合许可条件的准予核发排污许可证或者超越法定职权核发排污许可证的;

（四）实施排污许可证管理时擅自收取费用的;

（五）未依法公开排污许可相关信息的;

（六）不依法履行监督职责或者监督不力,造成严重后果的;

（七）其他应当依法追究责任的情形。

第五十三条 排污单位隐瞒有关情况或者提供虚假材料申请行政许可的，核发环保部门不予受理或者不予行政许可，并给予警告。

第五十四条 违反本办法第四十三条规定，未及时申请变更排污许可证的；或者违反本办法第五十一条规定，未及时补办排污许可证的，由核发环保部门责令改正。

第五十五条 重点排污单位未依法公开或者不如实公开有关环境信息的，由县级以上环境保护主管部门责令公开，依法处以罚款，并予以公告。

第五十六条 违反本办法第三十四条，有下列行为之一的，由县级以上环境保护主管部门依据《中华人民共和国大气污染防治法》《中华人民共和国水污染防治法》的规定，责令改正，处二万元以上二十万元以下的罚款；拒不改正的，依法责令停产整治：

（一）未按照规定对所排放的工业废气和有毒有害大气污染物、水污染物进行监测，或者未保存原始监测记录的；

（二）未按照规定安装大气污染物、水污染物自动监测设备，或者未按照规定与环境保护主管部门的监控设备联网，或者未保证监测设备正常运行的。

第五十七条 排污单位存在以下无排污许可证排放污染物情形的，由县级以上环境保护主管部门依据《中华人民共和国大气污染防治法》《中华人民共和国水污染防治法》的规定，责令改正或者责令限制生产、停产整治，并处十万元以上一百万元以下的罚款；情节严重的，报经有批准权的人民政府批准，责令停业、关闭：

（一）依法应当申请排污许可证但未申请，或者申请后未取得排污许可证排放污染物的；

（二）排污许可证有效期限届满后未申请延续排污许可证，或者延续申请未经核发环保部门许可仍排放污染物的；

（三）被依法撤销排污许可证后仍排放污染物的；

（四）法律法规规定的其他情形。

第五十八条　排污单位存在以下违反排污许可证行为的，由县级以上环境保护主管部门依据《中华人民共和国环境保护法》《中华人民共和国大气污染防治法》《中华人民共和国水污染防治法》的规定，责令改正或者责令限制生产、停产整治，并处十万元以上一百万元以下的罚款；情节严重的，报经有批准权的人民政府批准，责令停业、关闭：

（一）超过排放标准或者超过重点大气污染物、重点水污染物排放总量控制指标排放水污染物、大气污染物的；

（二）通过偷排、篡改或者伪造监测数据、以逃避现场检查为目的的临时停产、非紧急情况下开启应急排放通道、不正常运行大气污染防治设施等逃避监管的方式排放大气污染物的；

（三）利用渗井、渗坑、裂隙、溶洞，私设暗管，篡改、伪造监测数据，或者不正常运行水污染防治设施等逃避监管的方式排放水污染物的；

（四）其他违反排污许可证规定排放污染物的。

第五十九条　排污单位违法排放大气污染物、水污染物，受到罚款处罚，被责令改正的，依法作出处罚决定的行政机关组织复查，发现其继续违法排放大气污染物、水污染物或者拒绝、阻挠复查的，作出处罚决定的行政机关可以自责令改正之日的次日起，依法按照原处罚数额按日连续处罚。

第六十条　排污单位发生本办法第三十五条第一款第二、三项或者第三十七条第四款第二项规定的异常情况，及时报告核发环保部门，且主动采取措施消除或者减轻违法行为危害后果的，县级以上环境保护主管部门应当依据《中华人民共和国行政处罚法》相关规定从轻处罚。

排污单位应当在相应季度执行报告或者月执行报告中记载本条第一款情况。

第七章　附　则

第六十一条　依照本办法首次发放排污许可证时，对于在本办法实施前已经投产、运营的排污单位，存在以下情形之　，排污单位承诺改正并提出改正方案的，环境保护主管部门可以向其核发排污许可证，并在排污许可证中记载其存在的问题，规定其承诺改正内容和承诺改正期限：

（一）在本办法实施前的新建、改建、扩建建设项目不符合本办法第二十九条第一项条件；

（二）不符合本办法第二十九条第二项条件。

对于不符合本办法第二十九条第一项条件的排污单位，由核发环保部门依据《建设项目环境保护管理条例》第二十三条，责令限期改正，并处罚款。

对于不符合本办法第二十九条第二项条件的排污单位，由核发环保部门依据《中华人民共和国大气污染防治法》第九十九条或者《中华人民共和国水污染防治法》第八十三条，责令改正或者责令限制生产、停产整治，并处罚款。

本条第二款、第三款规定的核发环保部门责令改正内容或者限制生产、停产整治内容，应当与本条第一款规定的排污许可证规定的改正内容一致；本条第二款、第三款规定的核发环保部门责令改正期限或者限制生产、停产整治期限，应当与本条第一款规定的排污许可证规定的改正期限的起止时间一致。

本条第一款规定的排污许可证规定的改正期限为三至六个月、最长不超过一年。

在改正期间或者限制生产、停产整治期间，排污单位应当按证排污，执行自行监测、台账记录和执行报告制度，核发环保部门应当按照排污许可证的规定加强监督检查。

第六十二条 本办法第六十一条第一款规定的排污许可证规定的改正期限到期，排污单位完成改正任务或者提前完成改正任务的，可以向核发环保部门申请变更排污许可证，核发环保部门应当按照本办法第五章规定对排污许可证进行变更。

本办法第六十一条第一款规定的排污许可证规定的改正期限到期，排污单位仍不符合许可条件的，由核发环保部门依据《中华人民共和国大气污染防治法》第九十九条或者《中华人民共和国水污染防治法》第八十三条或者《建设项目环境保护管理条例》第二十三条的规定，提出建议报有批准权的人民政府批准责令停业、关闭，并按照本办法第五十条规定注销排污许可证。

　　第六十三条　对于本办法实施前依据地方性法规核发的排污许可证，尚在有效期内的，原核发环保部门应当在全国排污许可证管理信息平台填报数据，获取排污许可证编码；已经到期的，排污单位应当按照本办法申请排污许可证。

　　第六十四条　本办法第十二条规定的排污许可证格式、第二十条规定的承诺书样本和本办法第二十六条规定的排污许可证申请表格式，由环境保护部制定。

　　第六十五条　本办法所称排污许可，是指环境保护主管部门根据排污单位的申请和承诺，通过发放排污许可证法律文书形式，依法依规规范和限制排污行为，明确环境管理要求，依据排污许可证对排污单位实施监管执法的环境管理制度。

　　第六十六条　本办法所称主要负责人是指依照法律、行政法规规定代表非法人单位行使职权的负责人。

　　第六十七条　涉及国家秘密的排污单位，其排污许可证的申请、受理、审核、发放、变更、延续、注销、撤销、遗失补办应当按照保密规定执行。

　　第六十八条　本办法自发布之日起施行。